香城職涯

被時代改寫的就業生態

黃榮錕　著
LinkedIn HK
公共事業部負責人

推薦序

（1）

曾俊華
薯片叔叔共創社創辦人

離開官場後的這幾年給予我很多機會與出生於數碼世代的 Digital Native 年輕人直接互動和溝通。在被他們的主動積極和高創造力打動的同時，也有感社會可以為他們準備一個更合乎時勢的學習和發展環境。昔日迎合可預測、低科技環境的「填鴨式教學」和應試教育，在網上資訊和學習資源如此普及的今天實在難以發揮作用。如何通過由下而上的共同學習模式，培養充滿好奇心的 Problem Solver，促使了薯片叔叔共創社與榮錕般的有心人一起工作。

坦白說，我並不是一個傳統生涯規劃教育的支持者。像作者所言，今日的世界瞬息萬變，新工種或新工作模式誕生的頻率使我們這一代的「數碼移民」十分難為別人指路，亦沒有必要性。我更提倡體驗式學習。找到自己的興趣範疇加以發展當然重要，更重要的是願意給予自己嘗試的空間和投放多

些時間認識新事物。雖然我較為人所知的是在政府工作的日子，但二十出頭那幾年的建築師和教師經驗也對我個人有着標誌性作用。這本書中的不少人物例子故事，都讓我再次感受到香港年輕人在追夢路上的熱情，也加固了我對香港人在國際大舞台上再次展現優勢的信心。

面對人類的「進化」，每個人在奮鬥的路上都需要積極轉換心態。這對於身處「幼年期」和「成長期」的年輕人當然有着決定性的關鍵作用，但切記學習資源和思維不應受到年齡和人生階段的限制，未來可期，世界的變化新鮮又有趣，像《香城職涯：被時代改寫的就業生態》這樣的讀物，對於身處「成熟期」的我無疑是一個絕佳的提醒。

曾德源博士
香港都會大學李嘉誠專業進修學院院長

　　相信大家對「工作的未來」（Future of Work）必然產生好奇和美好的憧憬，只是想瞭解更多關於可能誕生的新工種，卻沒有能夠明確指出答案的工具。在此前提下，這本書正好提供一些尖銳又獨到的觀察，為我們描繪了將來職場的外貌。作者以他所身處的人力資源諮詢及科技相結合的前沿，勇敢的作出未來 10 年新興工種的預測，具有一定的參考價值。

　　很多人對工種轉變之際帶來的職位外流，產生巨大的不安。但是，作者針對此議題的分析，告訴我們未來工作是可以不受地域所限制。相反，隨着工序數碼化，從跨地域中尋求工作機會將有增無減。最重要的是，求職人士必須擁有當下職場需要的技能以及充分的適應力。亦即是說，在地的跨國就業是完全有可能實現的。

一本書籍並不只是透露作者對世界和周遭事物的看法，同時也是一種對外尋求回饋和共鳴的媒介。很多時候，作者的獨白與自我內心剖析，實際上蘊含了向讀者發出的邀請，所以閱讀的過程，彷彿就是對話在進行的當中。這也是我在閱讀此書時所能感受和體會到的，尤其是關於對「地方的歸屬感」那一部分的敍述。

我樂意向大家推薦這本書，無論你是正在大學進修，或者已經進入職場的新進人員，相信皆能從書中獲得啟示，為將來的職涯做好規劃，並長期成為一個對未來充滿好奇的人！

陳君洋
Teach For Hong Kong 創辦人

2013 年離開投資銀行創辦 Teach For Hong Kong 時，傳媒報道總是以「棄高薪厚職」為題，不少還用着十多年前的公開試成績為題，總令我十分尷尬。也許在別人眼中，這都是「成功者」的指標。諷刺的是，在應試制度下，其實我像很多學生一樣，被「訓練」要拿最高分，考進最好的學系和公司，至於自己真正喜愛和擅長的是甚麼，卻沒有在成長的歷程中認真反思過。

直到我上了哈佛商學院的領袖課時，才對何謂「成功」有更深刻的定義。那天課堂的閱讀素材是看某幾位校友的回憶錄。我們先看他們在學時寫的，然後看他們 10 年聚會寫的，然後是 20 年。有些人畢業時憧憬着與剛結婚的妻子開展美好的婚姻生活，10 年聚會時卻已離婚兩次。有些人在學校時信誓旦旦要做事業女性，後來因孩子發生意外而放棄全盤事業照顧孩子，但認為自己

人生非常豐盛。這些都是活生生的人生故事，令我一個黃毛小子領會頗深。我來哈佛之前，以為商學院教的少不免是如何「增加利潤」，但我真正學到的是怎樣去生活得精彩。我們生於國際金融城市，生活壓力大，成功也許只用銀碼去衡量，哈佛所說卻是「你的成功是由你自己定義」。

營運 Teach For Hong Kong 的其中一個得着，就是能認識不同對教育和年輕人工作充滿熱誠的人，榮錕就是其中一個。他於我們機構暑期培訓課程的演講每年都大受歡迎，大家都因為他的演講對「未來工作」和「未來教育」充滿不同形式的想像，而「想像」正是踏向「自己定義的成功」的第一步。

這次他更把自己和不同人的故事結集成書，相信讀者細味每個故事後，定必像我當年上領袖課時一樣，對自己的成功和未來有不一樣的想像。

（4）

陳珊珊
Microsoft 香港及澳門區總經理

2021年是 Microsoft 於香港成立 30 週年，對我們而言是別具意義。Microsoft 香港多年來一直與本地合作夥伴共同成長，並投放資源推動本地數碼科技發展，與夥伴共渡一個又一個「新常態」。現時，逾 90% 的恒指成份及 95% 財富 500 強的企業正在使用 Microsoft 雲端服務，反映本地具規模的企業均對 Microsoft 擁有高度的信任。同時，Microsoft 香港與超過 2,000 個本地夥伴合作，為香港創造逾 54,000 個就業機會。

隨着疫情影響，眾多企業均在進行數碼轉型，冀透過科技幫助人與人之間的溝通、聯繫和協作，並有效率地改善營運工序及提升產品質素等來迎合現今社會的新趨勢和發展，這對企業擴張和進步至關重要。

就如書中所提及，即使疫情緩和後，全

世界仍會有超過 30% 的勞動人口維持遙距工作，而超過 60% 的僱員更會選擇繼續維持遙距工作多於提高工資，這正正帶出「混合辦公模式」（Hybrid Work）將會是不爭的新常態。企業應加緊步伐提升軟硬件及網絡安全，為員工塑造理想的混合工作環境。

科技的進步亦引領了「元宇宙」（Metaverse）的興起，它再也不只是一個願景，而是一個經已發生的科技和事實。把現實和數碼虛擬世界連繫於一起，讓身處不同地域的員工可進入同一個共享空間，從中創造更多可能性。這樣的科技可賦能員工、客戶和合作夥伴不受地域界限進行溝通和協作，對於不想局限於同一個城市進行員工招聘的企業來說大大提高靈活性。近年就已開始有本地醫療服務中心透過 HoloLens 裝置的混合實境技術（Mixed Reality）、雲端科技（Cloud）、人工智能（AI）、大數據（Big Data）及 5G 技術等，為醫生提供更準確的手術指導，並讓不在現場的資深顧問醫生可以即時遙距提供專業意見，從而提升手術的安全性和成功率。

企業近年亦非常關注「可持續發展」（Sustainability）及設立「減碳」

（Decarbonization）目標，他們不再視可持續發展為一個可取捨的選項。而 Microsoft 一直致力創造更可持續的未來，推動雲端優先（Cloud First）經濟，致力支援客戶及香港社會攜手達至更可持續發展目標。自 2012 年起，Microsoft 已達成 100% 碳中和（Carbon Neutral）。Microsoft 強大的雲端運算能力不僅協助客戶大幅提升營運效率，並有助一同減少全球在雲端運算上消耗的碳足跡。Microsoft 承諾在 2030 年實現負碳排放（Carbon Negative），並在 2050 年消除自 1975 年公司成立以來的碳排放量總和，其中包括直接排放或因用電產生的碳排放。

除上述的未來科技發展，書中亦分析到固有的資訊科技部於未來職場的人力架構將作出重大調整，對於每一間希望擴展、進步及規模化的企業都具一定參考價值；而對於出身 IT 行業及一間國際科技公司領導層的我，明白未來社會對科技知識的需求只會日益增加，它將演變為一種不可缺少的語言技巧。同時，我們亦承諾致力推動培育下一代，提供各式各樣數碼科技培訓或證書課程，讓年輕一代更深入瞭解如何應用科技。冀望他們具備成長思維（Growth Mindset），不要害怕面對難題和失敗而甘於停留在個人的舒適圈，應培養好奇心不斷學習，以多元化知識裝備自己投入社會，於這個瞬息萬變的時代作出貢獻，成就更多。

隨着香港作為大灣區國際創新科技樞紐的地位不斷提升，以及疫情使這個數碼時代急速發展，Microsoft 香港相信科技將能為未來創造無限可能，並繼續投放資源協助推動香港建立一個以數據驅動和可持續的未來。

鄭浩維
Generation 香港行政總裁

　　「識人好過識字」，對我來説從來不是因為讀書不重要，反而是因為世界變化之快，令我們所能夠掌握的遠遠追不及外間急促的發展，尤其是身處這個數碼轉型的年代。

　　要「識人」，就要擴闊自己的圈子，與不同行業及背景的人交流。而身在香港這個人與人之間關係很密切，亦有很多有心人對社會非常關心的城市來說，識人以至把有心人結連可説是重要的一環。2018 年初，當我剛剛加入 Generation 時，一次偶然之間於 LinkedIn 收到一個陌生人的邀請短訊，然後在簡短幾個訊息之間，我們便約了一個電話會議。就是這個情況之下，我有幸認識了本書的作者榮錕，一個非常能幹，亦對香港很有想法及抱負的青年。

　　與榮錕一樣，我也是個土生土長的「香

港仔」。相比之下，我或許算是香港教育制度的「非典型」出品。中學入到了大眾口中的名校，卻從來沒考進全級 100 名內（即使到中六全級只有大約 120 人）；中六有機會參與舉辦不同的活動，卻令自己高考的成績慘不忍睹；勉強進入了大學，當別人追 GPA 追 Honour 時，我的時間都放在籌辦不同的學生活動，最後卻因 GPA「唔過 2」而差點「畢唔到業」，更要延遲畢業。但如果不是上述的經歷，我也許不會誤打誤撞進入了教育界，也許不會因此而選擇教育作為我的職涯，亦也許不會想與身邊的有心人一起，為香港的教育制度帶來一點的創新及一點的不一樣。

於 Generation 的工作，其中最重要的一環就是如何連接教育與就業之間的缺口，亦與這本書所提及的內容息息相關。

過去數年，我的工作都圍繞着如何拉闊社會對人才和成功的定義。要能夠釋放青年的能力及才華，是需要從不同角度去共建一個多方共贏的方案。不單要尋找青年有興趣的範疇，亦要從大環境瞭解未來工作的變化

及不同工種的人才需求，再加上商界聘用人才時採用更多角度及全面的評估，以及職業培訓的方式等，令青年的能力和才華能夠被更全方位的看見，亦要令青年身邊的持份者（例如老師、家長、社工等）更能夠支援青年的職涯以至於生涯發展。

書裏榮錕提及歷久常新的職場態度和軟技能，我是感受最深的。除了因為自身職涯發展的過程，亦與過去數年於 Generation 香港幫助過五百多位學員的故事不無關係。

近期最印象深刻的是一個初級數據工程師（Junior Data Engineer）的僱主夥伴，原本只聘用大學生，及後卻透過我們的計劃，聘請了一名學歷只有高級文憑的畢業學員。僱主更提到，面試過程之中看到學員比其他高學歷的求職者更正面、更充滿熱誠及有更強的溝通能力，而這不單令不同背景的青年也有屬於自己的出路，亦同時讓僱主聘用到合適的人才及令業界有更穩健的發展。

最後，感謝榮錕邀請我為《香城職涯：被時代改寫的就業生態》寫推薦序，寫的過程回想起自己的職涯，以及過去工作上所遇

到的人和事，令我更相信香港仍然是一個機
會處處的城市。

自序

黃榮錕
LinkedIn HK 公共事業部負責人

　　「十八廿二」是我們經常提及的年齡分界線。雖然這些數字對筆者來說已經有着不能再拉近的距離，但伴隨筆者繼續成長的是那些歲月經歷過的大小迷失。18歲那年踏進小社會，22歲那年正式投身職場，筆者很難忘記自己的呼吸節奏如何被當天的每個改變打亂。

　　作為香港精英式填鴨教育制度的產物之一，筆者與大多數人一樣在學校長大的過程中、甚或在投身社會後，都沒有機會、或沒有時間空間對自己的理想人生作出計劃和反思。過去幾年在生活和工作中幸運地遇到不少伯樂，幫助筆者開始理順自己的人生節奏。由2020年開始橫掃全球的新冠疫情，更是每天在提醒我要在有限的時間內盡量留下美好回憶。

由世紀級公共衛生危機所引發的全球數碼轉型和勞動市場大洗牌，筆者引以為傲的家園亦在面對一連串執筆時還未能總結是進步抑或退步的體制形勢改變。像海嘯般排山倒海出現的變化，讓很多人難以適應，感到沮喪。但神奇的是，筆者沒有再次在世界大變的時代巨輪中失去方向，反之，更清晰地看到了屬於自己的空間。筆者會將此歸功於朋友圈子、工作環境，以及一眾內容創作者（Content Creator）所給予的市場資訊。

筆者深信，寓工作於娛樂不是天方夜譚，每個人找到生活動力的場合不一，沒有誰高誰低，只是剛好在執筆的日子中，工作不但佔據了大部分時間，也是筆者選擇依賴的快樂泉源。過去一段時間，十分有幸能以工作上的頭銜受邀到不同大小場合講述關於 Future of Work 的故事。這次更得到出版社賞識，有機會以書本形式為讀者整合和分析自己在全球性招聘平台的所見所聞。內容創作者是一份很不容易，但同時在筆者心目中很神聖的工作。老實說，筆者十分期待每次打開 YouTube 或入手新書的一刻，因為筆者對世界的瞭解又會再次被辛勤的內容創作者點亮。感謝他們的文字和故事，也感恩自己有幸成為其中一員。

要感謝的當然還有筆者的父母。提到雙親和本人的成長環境，也是感恩。

筆者成長於一個大型公共屋村，父母是典型的勞動人口，一家六口生活不過不失。父母不像電影中常見的華人家長，自小對筆者幾乎沒有甚麼設限，所以整個童年基本上是渾渾噩噩，每天都在那時候最盛行的網遊《巨商》流連忘返。成長在沒有設限的家庭正好給予筆者奢侈的自我思考空間，以至為自己人生作決定的訓練。父母在過程中所傳達的無比信任和鼓勵，是筆者成長中最珍而重之的。從他們的身教中，筆者學會認真和努力地面對日常的一切瑣事和身邊每一個人，而這種對待生活的態度無形中使筆者往後的人生過得更順利和優悠。

最後，太多人嘗試把我們的人生量化、寫一條所謂成功方程式，習慣性地把金錢和物質跟成就扯上關係。成就應該是十分個人的，能令你感到開心的都應該被定義為成就。希望筆者的文字可以為停滯不前的人補充職場資訊、為自信不足的人帶來鼓勵、為正在打算未來的人帶來方向。

感謝每一個在筆者生命中留下腳印的你，「有你，才有我」。

目錄

Chapter 01 疫後職場大洗牌

Chapter 02 工作遙距化和碎片化

Chapter 03 以世界公民角度定位未來

Chapter 04 裝備自己才是迎接挑戰的上策

Chapter 05 自我投資的重要性和方向

結語　學習保持個人節奏是一輩子的事

▐ 創造屬於你的工作

假如醫療科技的進步速度，真的有如某時任政策局局長所言，「人的平均壽命會逐漸增加到 120 歲，曾經的標準退休年齡 60 歲將會被定義為中年」，我們在職場打滾的時光想必亦會順延。多了幾年時間，對來日方長的你來說會是一個負擔，抑或是一個打造自己事業高峰的機會？

除了少數的浪跡天涯人士外，工作應該佔據了大部分都市人三分一以上的人生光陰。雖然工作如此重要，但筆者在學時所接觸到的相關資訊是少之又少。從中學選科到大學選科，基本上都是成績主導，選擇收生門檻跟自己分數基礎最接近的學科。大學時也聽過不少對神學、園藝學、傳理學有興趣的人，因為太擅長應付考試而成為了商學院、法律學院的尖子，真的不知道該不該羨慕這些在成績為本的香港教育制度下那麼會讀書的人。

踏入職場後，筆者始明白這不能歸咎於學校或老師。打滾了幾年後發現，這個年代職場變化的速度是慢也慢不下來，幾乎每天

都會聽說有一些新公司和新工種，甚至是新行業誕生。可幸的是，資訊發達的同時，資訊的流通也提高了不少。以數據説故事是現今社會不能或缺的重要技能之一，根據世界經濟論壇（World Economic Forum）在 2020 年發佈的「未來工作報告」（*The Future of Jobs Report 2020*）統計指出，在報告發表後的五年內，地球上 50% 的工作將會由機器（Machine）代辦，並有超過 8,500 萬份工作「被消失」。

慶幸的是，取而代之是有 9,700 萬份源自新興行業的工作機會，間接為害怕遭機器取代的求職者帶來一份安心。你會為此感到興奮嗎？安心之餘，歷史告訴我們，機會是留給有準備的人，瞭解從無到有的行業和工種是自我裝備的起點，這構成了本書的第一章。

這些年出現的一場疫情大流行（Pandemic）加劇了世界巨變之際，貌似也為我們對未來的想像加多了一層不確定性。但正正是因為種種的未知，你才有無限空間去想像一份上個世紀的人會覺得是天馬行空的工作、創造一份你理想中的工作説明（Job Descriptions）。十九世紀的人不能想像「一

部電腦走天涯」，廿一世紀的人可能還在嘗試理解「一個 VR 眼鏡走天涯」。

這場疫情大流行為我們帶來的另一個想像空間是跨地域性，促進很多工種變成無論何時何地，只要有網絡都可以隨時開工。傳統上我們認為，公司在哪裏，人便要在哪裏，由於地域和資源限制，香港的經濟體系單一性地偏重於數個高增值性行業，這是眾所周知的事實。在 2021 年來臨之前，那些不甘於現狀、希望投身於非重點產業的人，最直接的選擇便是離鄉別井。在筆者看來，「Future of Work」意味着人們未來可跨越重重地域限制，選擇自己理想的工作地點和模式。探討這個正在普及的新工作模式和僱傭關係，是第二章的由來。

對眼前即將出現的改變，筆者難免有一絲興奮，因為感覺上日後可以把更多重複而瑣碎的事情交給電腦或機器人代辦。歷史上的第一次和第二次工業革命都印證了，產業突變（Industrial Mutation）是機會的來源，而人類的潛能將獲得進一步激發。

對於選擇適合自己的工作一事，筆者認為沒有一條固定的方程式。作為一個「Talent comes with Passion」形式的信徒，

筆者相信更重要的是踏上路途，尋找一份自己熱愛的工作。對某項事物或工作的喜愛可以衝破一切，第三章正好記錄了一群不甘受香港限制，憑着自身勝人一籌的技能和優勢，選擇跳出舒適圈、踏足世界舞台，意在尋找自己理想中瓦努阿圖的香港青年。「離開不應該是為了逃避」，每個人都應該在可行的情況下定期「離開」，去發掘地圖上可能更適合自己的目的地。

Change is the only Constant，亂中有序、穩中求變，放眼將來，第四章和第五章分別討論不變勝萬變的職場態度和軟技能，乃至要成為長勝將軍背後應該考慮的「後學生時代」自我投資方向。

我們每個人都在自我探索和迷失的路上，這裏以「創造屬於你的工作」為題，並不是想譁眾取寵，更多的是希望你在閱讀本書的過程，甚或是以後在不同媒介吸收到新資訊時，都可以定時反思和反問，自己是不是在最有效地創造和實踐自我價值。

Chapter 01
疫後職場大洗牌

新冠疫情在不少人眼中不只是公共衞生危機，也是一場就業危機，然而，誠如俗語謂「有危就有機」，《老子》也說「禍兮福之所倚，福兮禍之所伏」，疫情或許砸爛了很多飯碗，卻同時成為新興產業的起爆劑，職場格局和勞動市場亦勢將隨之迎來巨變。

雨後春筍
十大新經濟產業

作為人類歷史上其中一場最嚴重、廣泛和持續的公共衛生危機，新冠疫情在很多打工仔眼中更是一場就業危機。無論是國際機構或本地統計資料的數據都顯示，「一般失業率」曾經在疫情年間衝擊歷史高位，傳媒日夜「宣佈」公司裁員或業績倒退，可謂人人自危。

筆者也是對就業市場感到擔憂的其中一員。有別於很多人，筆者擔心的是很多公司在疫情這個「首席改革長」（Chief Transformation Officer）推波助瀾下，人才供需缺口進一步擴大，結構性失業（Structural Unemployment）持續，意味僱主在現有勞動人口中，找不到合適的人才幫助公司進行改革和數碼化，出現結業危機，勞動市場踏入惡性循環。

> 「有人找不到工作、有人每天都被工作找上門」，是對 2021 年勞動市場的最佳描述。

Future of Work 的研究成為了《哈佛商業評論》

（*Harvard Business Review*）常客，相關討論也成為了 Google 的 top search result。筆者對此當然沒有一個答案，但告訴自己：想洞察如何在未來世界作自我定位，最直截了當的方法便是反思自己作為地球人口其中一份子，在疫情前後的行為變化，因為這也代表着各行各業如何重新設計旗下的產品和服務。你不再投放時間和金錢的範疇自然會被淘汰，而背後相關產業鏈的工作機會也將自然流失。另一方面，你細心想想，被迫居家的你又是否真的變得無所事事呢？如果不是，資源和精力都投放在哪些地方和平台？

以零售行業的情況為例，疫情年間，消費並沒有想像中那麼疲弱，電子商務以雙位數字的百分比逐月增長。對比起街上凋零的實體店鋪，網絡商店如 HKTV Mall 或 Shopee 都在 2020 年實現了雙倍營收，可見社會總體消費力並沒有減退，只是像你我般的消費者轉了個身。購物渠道之外的另一個例子是，疫情促使人們要居家用 Google Classroom 學習、透過 Zoom 開會和工作，背後代表我們對 Apple 等電子器材和 Ikea 家具的需求直接上升，而習慣使用手機、電腦的我們，也開始希望可以在 Instagram 上接觸世界、用 Deliveroo 決定早午晚三餐、在 Netflix 看電影，甚至是登入 Teladoc 看醫生

等，上述每一個行為上的改變，都象徵着一些產業直接和間接受惠，也是新的產業和工作機會崛起的訊號。

對於顯著的產業變化和背後的人力調整，相信大家都可從不同媒體的新聞和日常生活中有一定體會。相比起來，這裏更加希望為大家探討背後隱性的產業鏈變化。

一個產業或一家公司可以憑一己之力突圍而出的年代已成過去，現代的產業鏈往往是環環相扣，一個行業的成功背後，必須要靠好幾個產業支撐，而新產業的崛起也帶來了明顯的人才缺口。

在筆者過去數年的觀察中，缺口不減反增的，不得不提接下來的十大新興產業。

#01 大數據

首先，大數據（Big Data）已經由昔日的 Good-to-have 支援功能，獨立成軍變成其中一個人力需求增長最快的 Must-to-have 產業。數據被稱為「新時代的石油」（Data is the new oil），帶動各行各業的進步。數據分析基本上是當代行為與趨勢預測的引擎，數據行業的進步，意味着現在能預測一個

人、一個家庭、一個地區，甚至一個國家對於某個服務或產品的接納程度。

簡單以 Google 旗下 YouTube 平台作為例子，平台背後的數據分析不單可幫助內容創造者改善影片作品內容和方向，甚至還能透過觀看率來預測諸如疫苗接種率乃至選舉結果等更重大的事件。在「每個人的時間都有限」這樣的大前提下，以數據為本作出行為預測，是商業世界爭奪使用者時間（User Time）不可缺少的一環。作為個體的你所接觸到每一個「感覺與自身需要有關」的資訊，往往都不是偶然相遇，而是由背後的「媒人」── 大數據所促成。

#02 人工智能

跟大數據產業息息相關的，不得不說人工智能（Artificial Intelligence, AI）。提起人工智能，更多人可能會視之為工作機會的挑戰者。人工智能的基本概念就是通過訓練機器，把一些不需要人類智能（Human Intelligence）的工作交由機器代勞。當中涉及讓機器持續處理同一個指令，通過回應每個指令的答案，在累積足夠的數據後，把工作下放予機器。人工智能的應用範疇可以很廣泛，小至我們平常使用線上服務時會接觸到的聊天機器人（ChatBot），大至快將面世的無人駕駛交通工具等，這些基本上都是通過訓練機器，讓它們可以處

理一些重複性的工作。

除了創造工作機會外，人工智能可以解決的問題還有很多，特別是把一些相對厭惡性的工作排除出人們未來的生活之外，而這意味着整個人工智能產業鏈在人力需求方面將大幅擴張。未來我們是否能每天「遊手好閒」，視乎人工智能在下一世紀的發展速度。

#03 雲端產業

由於各行各業累積和需要分析的數據愈來愈多，應運而生的就是老生常談的雲端（Cloud）。在雲端計算（Cloud Computing）服務不存在的年代，每家公司都必須經營自家倉庫，而且往往要透過一個繁複的中間人與別的倉庫交流。如要拿一個簡單的例子說明，筆者會用現在線下很流行的共享工作空間（Co-working）和共居（Co-living）。當很多用戶可以使用同一個空間裏的技能和服務時，便可以減低很多產業自行研發和處理各個營運流程所需的金錢和時間投入。

雲端當然不只是一個線上的 USB 倉庫，更多的是一個把所有系統簡化的中央計算器，背後更延伸了數個增值行業，影響着我們每天所接觸到的服務，包括軟體即服務（Software as a Service,

SaaS）、平台即服務（Platform as a Service, PaaS）
和基礎結構即服務（Infrastructure as a Service,
IaaS）等。筆者個人十分看好雲端產業未來的延續
性和人才潛在需求。

#04 網絡安全 🖊️ 📱

　　當所有的有形無形資產都被放到線上世界時，
不懷好意的人自然隨之出現。上有政策，下有對
策，網絡安全（Cybersecurity）的重要性變得不遜
於每個屋苑的保安團隊。網絡世界的複雜性及持續
演變的本質，可說是為傳統定義的黑客（Hacker）
帶來不少可乘之機，擁有愈多門口和窗戶的地方，
當然需要愈多的保安人員。Cybersecurity 能夠保護
我們的線上資訊，保護一家銀行的提款系統，保
護一個平台的正常運作，在黑客肆虐的今天扮演
了不可或缺的角色。即使我們未必需要 24/7 的看
門者，對相關研發和維護人員的需求卻只會愈來
愈大。

#05 區塊鏈 🖊️ 📱

　　區塊鏈（Blockchain）是另一個筆者嘗試班門
弄斧解說的產業。很多人聽過區塊鏈，都是因為加

密貨幣（Cryptocurrency）[1] 的熱潮。加密貨幣和線上交易無疑是區塊鏈應用例子之一，背後見證了我們可以減少倚賴銀行作為中間人進行交易。區塊鏈演繹着的「去中心化」（Decentralization）理念，在逐漸浮上水面的 Web3.0[2] 年代絕對會有更廣泛的應用性。作為個體使用者的我們，在過去以中央管理數據的模式下，基本上沒有任何辦法接觸和瞭解別人手中到底掌握了甚麼、掌握了哪些關於我們，以及我們資產的資訊。反之，以分散管理形式和不能改寫性質突破傳統的區域鏈，把數據和控制權呈現在每個人的眼前。

在筆者接觸過的實例中最有共鳴的是，如果一家學校以區塊鏈的公開形式頒發畢業證照，透過學校中央數據系統查驗畢業證照真假的步驟將成為過去式。筆者曾經因為差點聯絡不上母校的校友辦公室而錯過研究生課程的報名 deadline，使用區域鏈便可以避免。再以人與人之間的 P2P 金錢交易為例，過去的主要的貸款來源都是銀行，因為銀行掌握了比一般人更多的信貸資訊，但如果以後每個人都能證明自己的信貸紀錄，你會不會考慮成為他們的個體貸款者呢？

除了以上幾個產業正在快速前進和大規模招才

....

[1] 加密貨幣，參考香港投資者及理財教育委員會的解說，是一種由複雜的電子密碼構成的虛擬商品（並非以實物方式存在），使用區塊鏈技術來核實及記錄交易。

[2] Web3.0，第三代互聯網，意思是由 DLT（分佈式賬本技術）支援，基於區塊鏈的去中心化網絡世界，也將是驅動元宇宙的基礎建設技術。在 Web 3.0 世界裏，所有權及掌控權均是去中心化，建設者和用戶都可持有 NFT 等代幣而享有特定網絡服務。

外，也有一些無論我們在甚麼行業或甚麼崗位，都免不了要有一定認知的產業，因為其涵蓋性跟銀行等基礎產業一樣，是真真正正的無處不在。

除了上述聲勢突出的產業之外，根據筆者自身的行為改變及社會觀察，保守判斷將持續變得有聲有色的產業還有以下五個。

#06 線上教育 ✏️

作為半個線上教育（E-Learning）服務從業員，筆者內心百分百相信線上教育產業的潛力，主要原因有二：一、當然是線上教育所帶來的可負擔學習（Education Accessibility）；二、終身學習（Life-long Learning）的普及性。

生活在像香港這樣資源豐富的城市，大學之前的教育都可以歸類為經濟學上所謂的「公用品」（Common Goods），但在很多發展中國家，教育依然是很奢侈的 Luxury Goods。線上教育真正能把來自頂尖國家和高校的優質學習內容，以低成本的方式輸出，讓更多人受惠。在此之上，過去的教育很多時候都比較偏向是為傳統定義中「20 歲前的學生」所設計的。世界變化之快讓很多在職人士逐漸跟社會需求的技能脫節，「活到老學到老」不再單單是掛在嘴邊的口號，在不同年齡層間發生的後學

生時期進修變得愈來愈普及，相對於要全職返回校園，線上學校的低機會成本和高靈活性自然有先天優勢。

#07 醫療和護理行業 ✏️ 📱

醫療和護理行業（Care Industry）是另一門筆者期望會進步得很快的產業，其涵蓋的不單是生病時和病後的治療，更重要是可以無限延伸的預防醫學（Prevention Healthcare）。作為一個普通人，我們都必須經歷生老病死，而在每個階段我們都希望可以得到最好的服務。除此之外，活在像香港般繁忙的大都市，人們特別容易遇上情緒問題，需要專業人士的幫助。很多人笑稱疫情帶來最大的危機並不是感染數字，而是各種防疫限制為當代人帶來的長期情緒困擾，筆者對此深表同意。身體健康這個生日願望也促進了健身和保養品市場等行業增長，筆者甚至會把 Headspace 和 Calm 等付費使用的冥想平台程式（Meditation App）歸類為同一產業。

另外，疫情帶來的醫療負荷量激發了居家測試（At-home Testing）行業的步伐，日後將有更多病症種類可以透過自我測試得到結果。這也意味着醫療服務進一步變得平等，畢竟我們都曾經被診所收據的銀碼震驚過。當地球正在走向更富裕的未來，這類型的服務需求只會有增無減，相對應的產業人才需求也一樣。

#08 可再生能源 ✏️

「地球生病了」是環保組織這幾年經常提及的事實，筆者相信這也是每個人都能觀察到的。我們過去為了經濟增長，大量開發對地球帶來損害的能源，亡羊補牢的人類屬性讓全世界都把目光放在可再生能源（Renewable Energy）上。其基本概念是透過大自然的力量，譬如風力、水力、太陽能、地熱能等，生產無害的能源。這並不是一個新的產業或概念，但在世界一體化和危機當前，這是一個罕有得到全球共識的重中之重，各國政府的同意和保證，即將反映在大量投放到這個產業的資金鏈，以及背後出現的人才荒。

在撰文時的資料整理過程中發現，環境保護相關工作已經不只是所謂的單一產業或大機構俗稱的 CSR 獨立部門，在政策層面推動的可持續發展，將顛覆性地改變跨工種的日常工作要求，筆者會在之後的「Green as a skill！綠色經濟釋放轉型機會」一文中加以分析。

#09 虛擬實境 ✏️

虛擬實境（Virtual Reality）是筆者個人偏愛的另一個高增值性產業。通過電腦模擬產生一個三維空間的虛擬世界，為使用者在網絡世界提供視覺等

感官的真實性，增強互動。我們可能馬上聯想到電玩電競類作品，在平面遊戲年代成長的筆者對此不太感興奮。反而更期待的是可以在沒有玩伴的情況下打網球，上網購物時可以更真實地判斷產品是否適合自己，甚至是購買海外房地產時可以模擬實地考察。在以後的世界，足不出戶也可以做的事情將因虛擬實境變得愈來愈多。VR 亦會是逐步移居元宇宙（Metaverse）[3] 的數碼遊民日常生活互動中最重要的基石。

#10 機器人行業

最後，不得不提的是大家又愛又恨的機器人（Robotics）行業。工業 4.0（Industry 4.0）[4] 是香港以至全世界都在大力推動的製造業革新，而機器人是工業 4.0 下「高度自動化」的產物。機器人技術的進步可以幫助人們進行很多厭惡性和高風險工作，同時也為某些工作的表現提高穩定性。醫療手術是一個簡單的例子，手術室中不少工作都要求分毫不差的穩定性，無論一個醫生的技能如何高超，也難以保證每次手術都能有同樣高水準的表現。機器人擅長重複性的工作，正好能派上用場，填補人

[3] Metaverse 一詞中的 Meta 有超越的意思，verse 即是 Universe（宇宙），加起來就是「超越宇宙」，形容一個持續存在的數碼世界，會永遠存在，有去中心化概念，卻同時與現實掛勾。

[4] 工業 4.0，又稱「第四次工業革命」，相對於工業 1.0（機械化生產取代勞工手作）、2.0（使用電力驅動大規模生產）和 3.0（使用電子裝置及資訊技術增進工業製造的精準化、自動化），4.0 的目標讓製造業實現高度電腦化、數碼化和智能化。

力的不穩定性。另一個比較常見的例子，相信大家都曾經在餐廳、超市、酒店、商場等地方，看到提供食物運送、消毒清潔等服務的機器人。

小結 ✏️

總括而言，產業變化是我們不得不接受的現實，背後反映的是人力需求增長。作為求職者，如果能夠在某一產業快速增長的時候投身其中，意味着未來有更巨大的潛在發展空間，或者更功利地說，將踏上一條沒有盡頭的晉升階梯。作為觀察者，筆者對很多產業的走勢只敢作蜻蜓點水式預測，一來產業變化之快文字很難跟上，二來網絡世界也擁有更多對特定產業更熟悉的說書人了。

不少人可能會質疑疫情受惠產業的生命週期，社會上也陸續出現聲音呼籲市民大眾耐心等待、疫情過後一切都會回復正常，曾經消失了的工作機會也會重新出現。疫情當然總會有一天成為歷史，但於筆者而言，疫情前和疫情後的常態勢必不盡相同，因為我對疫情年間出現的改變並不反感，甚或可以稱得上是習慣和愛上了。我對後疫情年代的產業轉型也滿懷興奮和有說不出的期待感。

雨後春筍的十大產業

產業	發展優勢
大數據 Big Data	◆ 本質上已變成 Must-to-have 產業； ◆ 數據被稱為「新時代的石油」，帶動各行各業的進步； ◆ 數據分析可助內容創造者改善作品內容和方向； ◆ 透過數據分析作出行為預測，是商業世界爭奪用戶不可缺少的一環。
人工智能 Artificial Intelligence, AI	◆ 與大數據產業息息相關； ◆ 應用範疇相當廣泛，小至線上客戶服務的聊天機器人，大至無人駕駛交通工具等均需其支援； ◆ 可用於應付相對厭惡性的工作，因而大有發展空間。
雲端產業 Cloud	◆ 雲端計算服務隨着大量數據分析需求應運而生； ◆ 雲端可視為把所有業務系統簡化的中央計算器，背後延伸了多個增值行業。
網絡安全 Cyber- security	◆ 當許多有形無形資產都放在線上世界時，網絡安全日益重要； ◆ 全天候保護人們的線上資訊、各行業平台系統，對相關研發和維護需求將愈來愈高。

區塊鏈 Blockchain	◆ 區塊鏈是加密貨幣「去中心化」的核心，在 Web3.0 年代用途廣泛； ◆ 數據（以及資歷）的查核驗證變得更方便、快速； ◆ 「去中心化」符合人們希望掌握自身資訊、紀錄的要求。
線上教育 E-Learning	◆ 帶來可負擔學習，把來自頂尖國家和高校的優質學習內容，以低成本的方式輸出； ◆ 有利於終身學習更進一步普及化； ◆ 線上學校的低機會成本和高靈活性，具有市場優勢。
醫療和 護理行業 Care Industry	◆ 除了生病時的治療和病後護理，還涵蓋可以無限延伸的預防醫學； ◆ 連帶促進了如健身、保養品市場及冥想平台程式等不同行業的增長； ◆ 疫情激發了居家測試行業的發展； ◆ 讓醫療服務進一步變得平等，相關服務需求將有增無減。
可再生能源 Renewable Energy	◆ 可再生能源的應用乃全球共識，勢將有大量資源投放到這個產業； ◆ 政府在政策層面推動可持續發展，令環境保護相關工作變成跨工種的日常工作要求。

| 虛擬實景
Virtual
Reality | ◆ 虛擬實境隨着電玩電競業發展，水漲船高；

◆ 應用範疇無遠弗屆，包括上網購物時更真實地判斷產品是否適合自己，甚至購買海外房產時模擬實地考察；

◆ 是「元宇宙」內日常生活互動中最重要基石。 |
| 機器人行業
Robotics | ◆ 可幫助人們進行很多厭惡性和高風險工作；

◆ 為某些工作的表現提高穩定性，例如醫療手術；

◆ 機器人擅長重複性的工作，可填補人力的不穩定性。 |

走進新時代
五大部門十個新興職位

分析和洞察產業變化的大方向，固然跟職涯發展有重大關係，但瞭解每個產業當中確實的職位和技能需求，也是想像未來和決定如何投資自己的重要一步。

就筆者個人的觀察和預測來看，各行各業的公司人力架構，在未來數年未必會出現根本性的變化。更可能的狀況是，在現有架構下，很多部門都會出現專職負責一個範疇的專員（Specialist），而這些專員職位也將成為加入行業、轉職和升職的踏腳石。接下來，筆者會從五大傳統部門着手，仔細分析出現在資訊科技部（IT）、人事部（HR）、銷售部（Sales）、市場部（Marketing）和營業部（Operations）的新職位。

#01 資訊科技部（IT）

首先要提到的三個新職位，跟第一章提到的產業有一定的重疊性，那便是數據科學家（Data Scientist）、網絡安全專員（Cybersecurity

Specialist）和雲端專員（Cloud Specialist）。數據分析、網絡安全和雲端計算是每家公司在網絡年代不能避免的營運進步，更是希望規模化的企業所必備的運作方針。在互聯網世界比較簡化的過去，這些工作內容可能都會由 IT 部兼顧，並歸類為電腦系統的一部分。

隨着技術內容日常複雜及專業化，以後這類型的職位即使還存在於廣義下 IT 大家庭的一部分，我相信，他們都需要由獨立成軍的負責人主事，也即將見證更多相關專才爬上科技長（Chief Technology Officer, CTO）的位置；反之，身處 IT 部門的從業員如果不發展出其中一技之長，成為一個 T 字型員工[5]，被取代的風險將會與日俱增。

#02 人事部（HR）

正在進化和被迫進步得很快的還有 HR 部門。重視公司文化是成長於物質相對豐富年代的年輕一代求職時的首要考慮。締造一個的良好企業文化不是一個人的責任，而是每一個人的責任。要成功突圍而出，業界和學者研究指出，公司員工的多元化（Diversity）是最重要的基礎。多元化的常見標準

---

[5] 英文字母「T」中，橫向的「─」代表知識的廣度，指一個人擁有跨領域的知識和才能；而縱向的「I」就代表知識的深度，「T 字型員工」即是指那個人除了有廣博的知識，其中一個領域更有專業能力，既是專才，又是通才。

包括種族、性別、年齡、國籍、宗教信仰、性取向等。多元化可引申為包容性（Inclusion），而包容性有助建立歸屬感（Belonging），綜合上述三者的DIBs（Diversity, Inclusion & Belonging，即多元共融歸屬感），今時今日對於吸引和挽留有才之士都十分重要。據此估計，以後在 HR 部門中，很大機會會有專職的多元共融專員（Diversity & Inclusion Specialist）。如果我們以 2020 年至 2021 年間的公司架構變化作參考，首席（Chief）職位錄得最大漲幅的正正是 Chief Diversity & Inclusion Officer，相信這也帶出一定的指引性。

美企首席職位升幅榜十強

職位	升幅
Chief Diversity & Inclusion Officer	111%
Chief Underwriting Officer	71%
Chief People Officer	61%
Chief Legal Officer	53%
Chief Accounting Officer	43%
Chief Growth Officer	43%
Chief Customer Officer	38%
Chief Revenue Officer	37%
Chief Talent Officer	36%
Chief Data Officer	29%

資料來源：LinkedIn Economic Growth research data from Sep 2020 through Aug 2021

另一個 HR 部門中值得留意的分支是僱員關係專員（Employee Relations Specialist），或進化版的僱員投入度專員（Employee Engagement Specialist）。雖然這是目前不少大型企業已經存在的職位，但在未來工作遙距化和碎片化的 Remote-first 工作設計下，HR 難以繼續單靠像過去般，通過定期舉辦員工活動的方式來提振同事士氣。如何有效率地收集和回饋員工意見並進行相應政策改善，將帶動僱員關係專員一職更趨普及化。

#03 銷售部（Sales）

香港作為繁榮的貿易港，以及接軌中國大陸市場的世界級中間人，一直以來都是跨國企業銷售團隊（Sales Team）設辦事處的首選，也成就了香港就業人口中最常見的一個工種 —— 銷售，筆者也是當中一員。很多香港人像筆者一樣，在成長過程中都對銷售相關職業抱有不好的觀感。在本書第五章，筆者將會嘗試闡述踏入職場後，衝破了對銷售一職的種種迷思，以至從業後得到的優越感。

傳統以來，Sales 專才都被形容為一個「獨來獨往的貢獻者」（Individual Contributor），只要能為公司帶來盈利便實踐了其最大責任。時至今日，很多 B2B（Business-to-Business, 商戶對商戶）服務提供者的產品變得愈來愈複雜，銷售過程變長，當

中的持份者也增多，單靠銷售員一雙手可以突破的實在有限；再加上訂閱式收費模式（Subscription Model）興起，倚賴現有客戶增長帶來額外收入的擴張模式更為普及，結果，現時很多公司的客戶管理已經不再是一個「一次性的過程」（One-off Process），銷售發展專員（Sales Development Specialist）和顧客成功專員（Customer Success Specialist）成為了很多成熟企業管理售前（Pre-sales）和售後（Post-sales）服務的重要崗位。

依據規模化策略發掘潛在客戶名單的銷售發展專員，往往是很多社會新鮮人在晉身直接面對客戶的銷售經理前一個必經崗位。至於負責售後服務的顧客成功專員，更對提高客戶忠誠度起着決定性作用。作為一個已經在行業中打滾良久的人，筆者以第一身感受到這兩個工種在提升銷售團隊效能方面有多重要，同時也有助從業員探索橫向型的發展空間。

#04 市場部（Marketing）

如果說「廣告支撐了我們對世界的瞭解、支配了人們的消費習慣」，活躍在網絡世界上的你應該不會反對這個說法吧。一家公司無論產品做得多好，若不能透過廣告渠道通知消費者和顧客，一切都只會徒勞無功。這也是為甚麼每家公司的

Marketing 部門都競相尋找和打造優秀的平面設計
（Graphic Design）和數碼營銷（Digital Marketing）
團隊，即使兩者都稱不上是所謂的新興工種，但
相應的工作範疇和內容，正在隨着前文提及的
Metaverse 崛起而出現戲劇性變化。

當數碼世界成為人類未來的集結地點時，如何
在這個「新時代廣場」被看見，將會挑戰現有從業
員的能力。我相信，元宇宙營銷（Meta-marketing）
勢必成為最受僱主青睞的技能之一。

#05 營業部（Operations）

最後，隸屬於營業部的兩個工種算是筆者最偏
愛，也持續在探索這會不會是自己職涯的下一個出
口，那便是產品經理（Product Manager）和項目經
理（Project Manager）。兩個職稱雖然在文字上相
當類似，都簡稱為 PM，工作內容卻有很大差別。

產品經理主要負責管理某項特定的功能或產
品，產品可大可小，譬如說可以是 Google 的整個
Google Translate 家族，也可以是 Google Translate
支援的其中一個語言，甚至是 Google Translate 的
其中一個功能按鈕。當中任何一項都影響着數以億
計的 Google 用戶日常體驗，也是很多產品經理的工
作動力來源。產品經理擔起的重任是充當不會發聲

的產品之代言人，是對內對外溝通的橋樑。對內要懂得向技術人員（Engineer）表達和解釋產品的發展方向，對外就必須瞭解和分析使用者（Customer）的需求和意見。如何綜合並詮釋內外兩大持份者的看法，令產品經理的工作變得很具挑戰性，同時也很大程度地主宰了一個產品的生死。

顧名思義，項目經理是因為專案存在而誕生的工種。在筆者的角度看，可以算是一個 Mini-CEO，決定了一個項目的資源分配、定位、實行計劃，以及要對最終的成功或失敗負責。項目經理之所以將會成為一個新興工種，主要是因為今天的公司都流行營利再投資（Value Re-investment），即是持續地運用現有資源發掘新的生意來源。無論目標是橫向擴張（Horizontal Expansion）或縱向擴張（Vertical Expansion），設立專案團隊都是常見做法，旨在減低對項目現行整體營運的影響。對於產品經理和項目經理這兩個截然不同的工種，筆者愛上的都是當中須承擔的責任程度和工作滿足感。

作為一個不喜歡複製別人成功的人，對於公司架構中不同部門出現上述各項變化和分支，筆者衷心感到迫不及待，也期望這會為個人職涯發展帶來更多的選擇和新方向。

五大部門的十個新興工種

部門	工種
資訊 科技部 IT	◆ 數據科學家（Data Scientist） ◆ 網絡安全專員（Cybersecurity Specialist） ◆ 雲端專員（Cloud Specialist）
人事部 HR	◆ 多元共融專員（Diversity & Inclusion Specialist） ◆ 僱員關係專員（Employee Relations Specialist）
銷售部 Sales	◆ 銷售發展專員（Sales Development Specialist） ◆ 顧客成功專員（Customer Success Specialist）
市場部 Marketing	◆ 平面設計和數碼營銷團隊（Graphic Design & Digital Marketing）
營業部 Operations	◆ 產品經理（Product Manager） ◆ 項目經理（Project Manager）

Green as a skill !
綠色經濟釋放轉型機會

　　全賴很多有心人在過去幾年無間斷地進行倡議工作，企業社會責任（Corporate Social Responsibility）、或者更前衛的創造共享價值（Creating Shared Value），都不再是人們感到陌生的字眼。在不少大企業內，相關的工作都已經從公關或人力資源部門架構「分家」獨立出來，其重要性甚至可在公司董事會中佔一席位，架構上的改變反映出，相關職能的存在，已經不再像昔日般僅停留在門面功夫。

　　之所以會出現改變，有一部分原因是為了迎合今天消費者對牟利機構的期望，同時在某程度上也無可避免地是基於監管方的要求。香港擁有世界上名列前茅的交易所和金融系統，實行的監管措施也一直是別人的榜樣。自香港監管機構出台政策，要求所有銀行、上市公司、投資機構和保險公司，到2025年須提高環境、社會和管治（Environmental, Social and Governance, ESG）元素在日常運作和投資決定中的比重後，相關職位空缺便出現幾何級數的上升。

　　在這些新湧現職位的招聘説明中，我們可以見

到，其工作範疇已經不單止提高公司的社會慈善活動參與度，更多是集中於數據分析、跨部門協作、環境科學、綠色投資和熟悉監管要求等不同層次的技能。

　　此外，隨着一眾佔有市場領導地位的公司先後提出並承諾落實碳中和（Carbon Neutral）藍圖，筆者還預計這將重塑各個工作崗位的綠色技能（Green Skill）要求。如果要嘗試舉例說明，首當其衝的是每間公司內主事供應商政策的採購部門，可持續採購（Sustainable Procurement）意味採購部主管必須懂得以綠色方向進行詳細盡職調查（Due Diligence），確保優先考慮附合綠色要求的供應商，大至買入一個系統、一座辦公室大樓，小至一件團隊制服、一份員工早餐，綠色都會是主角。這也是一個環環相扣的過程，一旦供應商「不綠色」會連帶令企業也「不綠色」，因此無論是會計師或工程師、投資經理或客戶經理，「變綠」Green as a skill 都是在所難免的事。

隸屬聯合國的國際勞工組織（International Labour Organization）亦預計，綠色經濟會在 2030 年之前，創造超過 2,400 萬個工作機會[6]。

[6] 資料來源：*24 million jobs to open up in the green economy*（https://www.ilo.org/global/about-the-ilo/newsroom/news/WCMS_628644/lang--en/index.htm）

預測行業走勢時，筆者也喜歡參考教育機構在課程設計上的調整，因為這將大大影響日後各行各業決策者的心態和行事風格。要數轉身最快的，當然是以培育出 CEO 為榮的一眾商學院。

　　着重教授效益最大化（Value Maximization）的商學院儘管沒有放棄初衷，但亦逐漸重新定義效益，加入可持續元素是新常態下的基本方程式，走得更前的商學院已經着手跟環境管理學院等聯手推出綠色金融（Green Finance）類課程，以便為下一世紀的人才需求做好準備。

洞察僱主的
2030 年人力資源戰略

　　知己知彼，百戰百勝，根據一份 2021 年的研究報告指出，當 68% 的求職者對於求職方向感到迷惘時，高達 79% 的公司總裁和 91% 的招聘經理亦面臨缺乏合適人才和技能人員所導致的營運困境。從這個角度看，不單止你正在面對戲劇性的現況改變，你的對手、也就是資方，同樣不得不適應，並調整其人才戰略。

　　在產業和工作皆會被全面改寫的大前提下，筆者與大家一樣對即將被創造出來的就業機會感到好奇，思考各種新發展會不會有一些甚麼共通點。有見及此，世界經濟論壇向多家國際大企業的僱主發出問卷，得到一些具方向性的答案 [7]：

> "We're trying to empower our employees to do their jobs efficiently."
>
> Donald Allan Jr.,
> President and CFO of Stanley Black & Decker

[7] 資料來源：*9 leaders reveal how to make decent work a reality for everyone*（https://www.weforum.org/agenda/2021/10/8-leaders-decent-work-everyone/）

"The ability to contribute to society is intimately tied to an individual's self-worth and dignity."

Kate Bravery, Global Advisory and
Insight Leader of Mercer (MMC)

"Dignity of labour and full employment are at the centre of a just recovery."

Sharan Burrow, General Secretary of International Trade
Union Confederation

"We've committed to ensuring that everyone who directly provides goods or services to Unilever earns a living wage."

Patrick Hull, Vice-President: Future of Work of Unilever

"We can rewire how we think about work to drive innovation, inclusion and performance."

Tanuj Kapilashrami, Group Head of Human Resources of Standard Chartered

"The new work philosophy will be embedded in agility and flexibility together with empathy."

Atrayee Sarkar, Vice-President: Human Resource Management of Tata Steel

"We are removing barriers such as unnecessary degree requirements that create disparities."

Carin Taylor, Chief Diversity Officer of Workday

"We're looking at how to help young people get their foot in the door in the job market."

Kara Wenger, Head of Work Sustainability of Zurich Insurance

這些大企業僱主的意見主要可分為九個重點：員工賦權（Empowerment）、彰顯自我價值和自尊（self-worth and dignity）、合理的薪資水平（living wage for everyone）、更高程度的創新和包容（innovation and inclusion）、靈活性（agility and flexibility）、同理心（empathy）、以做好事為經營原則（do well by doing good）、移除像大學學歷般不公平的入職要求（removing entry barriers like degree requirement），以及協助年輕人找到首份工作（help young people get their foot in the door in the job market）。

筆者相信對於每個打工仔來說，這些意見都是頗為正面的。撇開職位高低不論，我們可以預計，疫情提醒了所有人活在當下的急切性。日後的工作環境將出現更多希望每個人能找到自我定位、社會價值、寓工作於實踐自我理想的人性化崗位。同一時間，有別於把資源傾向集中在上游決策者的傳統常態，未來世界會把更多機會分享予具有發展潛力的社會新鮮人。

雖然上述的意見主要來自較尊重勞工權益的西方世界，但筆者認為，肆虐全球的疫情，已經讓跨地域、跨種族的人意識到「世界就是一個共同體」，有更多人把選擇工作的過程跟社會福祉拉上關係，就算是僱主與僱員階級地位較分明的東方社會，仍有一定啟示性和導航作用。

在眾多僱主語錄中，最引起筆者注意的莫過於「移除像大學學歷般不公平的入職要求」，其實這個理念已經大規模實踐於國際職場，而且第一批落實的公司都是人們理想中的世界級僱主。由於大學教育的精英主義（Elitism）本質，收生時往往把不少出身於相對低下階層的人拒諸門外，在提倡人人平等的今天，這被視為一種不公平的做法；與此同時，近年社會上出現了不少像 Facebook[8] 創辦人朱克伯格（Mark Zuckerberg）般，自願跳過大學教育，而且取得非一般成就的成功創業家，惹來更多聲音質疑大學教育的必要性。

身處亞洲的我們，很多時候依然會以考進頂尖高等院校作為學習目標和動機。當大學畢業證書和一份好工作之間的關係開始脫勾，各種線上學習資源亦免費開放予公眾，唾手可得，我們是否應該繼續把大學視為學習路上的目標和方向？如果是的話，我們又應該如何定義和期待大學教育呢？筆者作為傳統教育制度下的產物，對這個話題有很多意見，將在本書第五章借鑑自身經歷作詳細分享。

[8] Facebook 自 2021 年 10 月起把公司商業名稱改為 Meta，後文為方便普遍讀者理解，一律仍用舊稱 Facebook。

跨國大企業對
未來人力資源戰略的看法

九大重點意見	1. 員工賦權（Empowerment）
	2. 彰顯自我價值和自尊（self-worth and dignity）
	3. 合理的薪資水平（living wage for everyone）
	4. 更高程度的創新和包容（innovation and inclusion）
	5. 靈活性（agility and flexibility）
	6. 同理心（empathy）
	7. 以做好事為經營原則（do well by doing good）
	8. 移除像大學學歷般不公平的入職要求（removing entry barriers like degree requirement）
	9. 協助年輕人找到首份工作（help young people get their foot in the door in the job market）

職涯啟示	◆ 日後的工作環境將出現更多希望每個人能找到自我定位、社會價值、寓工作於實踐自我理想的人性化崗位；
	◆ 未來世界會把更多機會分享予具有發展潛力的社會新鮮人；
	◆ 更多人把選擇工作的過程跟社會福祉拉上關係；
	◆ 大學畢業證書和一份好工作之間的關係開始脫勾。

Chapter 02
工作遙距化和碎片化

由科技爆炸所掀起的新經濟浪潮，再加上疫情推波助瀾，不單止職場勢將迎來翻天覆地的革新，連帶工作的性質也逐步變得跟傳統截然不同，歸納起來，「遙距化」和「碎片化」是當中兩大主要特徵，並帶來了前所未見的新機會。

跨地域工作
迎來新機遇

　　曾幾何時你以為有些工作絕不可能在香港找到，但以後的故事料會改寫。

　　筆者對自己職業盡頭會在何處充滿好奇心，執筆時快將三十而立，最近經常幻想 30 年後自己會身處何地、擔當何任。這個念頭緣起於本港現行法律下，常見的退休年齡界線正是 60 歲，對於重視職涯規劃（Career Planning）的筆者來說，想像未來，在某層面上是繼續打拼下去的動力來源。

　　職涯規劃當然有其作用，但在日新月異的廿一世紀，要預先定位三年後的工作狀態已經略嫌太遙遠，更何況 30 年！疫情對勞動市場帶來的長遠影響，也為傳統所謂的職涯規劃大幅加添難度。筆者相信在芸芸改變中，對職涯規劃帶來最大影響的是遙距工作恒常化、在家工作（Work from Home）延伸的跨地域挑戰和機遇。

　　無可否認，疫情以前所未見的速度改變人們的工作習慣，某些工種甚至開始把黑色暴雨警告和十號風球等同「臨時休假」的期盼和幻想放下，因為有電腦、有網絡的地方便是辦公室，工作似乎變

得不受晝夜和天氣影響。「Work is not a place you go, is what you do」，這是行內的新口頭禪。作為打工仔一份子的筆者亦不時反思，到底疫下的新常態（New Normal）有沒有可取之處，譬如經常在家工作到忘記吃午餐的筆者，對工作的觀感是變得更正面或是更負面？

即將踏入後疫情時代，其實我們應該要更興奮一點，因為疫情催生的不少科技都沒有時間限制，它們將繼續存在，甚至更廣泛地被應用，同時亦會更全面地重塑人們對職業選擇的想像空間，特別是那些行業集中程度（Concentration Ratio）偏高的地區，包括香港。

跟很多彈丸之地和缺乏天然資源的地區一樣，無論發展得如何高速、繁榮，都免不了把資源集中投放在數個重點行業的套路，令到那些有興趣投身未受祝福產業的人，在就職路上困難處處。就香港的情況而言，多年來的資源投放都偏重於數個高增值產業，包括今時今日定義已經變得十分模糊的金融服務業、旅遊業、貿易及物流業、專業及工商業支援服務業。在筆者看來，從結果證明這是正確的決策，最起碼此一發展方向令香港持續在國際舞台扮演重要角色。

香港產業單一化是不爭的事實，隨之而來的是教育單一化，體制內的學生從第一天開始，其選擇就被現實所局限，幾乎每間高等院校開展的課程都大同小異。

話說回來，後疫情時代到底如何幫助那些有志投身於在港不成氣候產業的朋友，在毋須離開家園的大前提下帶來機會？

疫情爆發期間，不少企業都被動地必須讓員工在家工作，而不少人也逐漸適應居家辦公，結果，僱主和僱員雙方均發現，在家工作對效率並沒有造成太大影響，前者開始懷疑自己是否有需要長期付上昂貴的辦公室租金，後者開始排斥每天的通勤時間。呼應本書推薦序中 Microsoft 香港及澳門區總經理陳珊珊提到的調查報告揭示，全世界超過 30% 的勞動人口將會在疫情緩和後仍然維持遙距工作，而超過 60% 的僱員在繼續遙距工作或者提高工資間，傾向選擇前者，根據預測，此數字仍持續上升。

在僱主與僱員關係趨於平等的今天，以人才為本的公司，於工作地點此方面的靈活性，疫情過後亦不會消失。當把員工聚集在同一個地點的必要性大大減低，不少具前瞻性的企業開始反思「為何員工招聘需要局限於同一個地市」。這對你的職業選擇又會帶來甚麼啟示？

筆者的看法一如文首所言，曾幾何時你以為有些工作絕不可能在香港找到，但以後的故事料會改寫。

遙距工作佔比最高的八個行業

行業	遙距工作佔比 (2020年5月)	一年間增長	遙距工作佔比 (2021年5月)
媒體及傳播	2.8%	9.6x	26.8%
軟件及IT服務	6.0%	3.7x	21.8%
身心健康和健體	2.3%	8.0x	18.6%
企業服務	3.1%	4.4x	13.7%
教育	2.6%	4.9x	12.6%
金融	2.0%	5.6x	10.9%
硬件及網絡	0.8%	10.8x	8.4%
衛生保健	1.1%	4.7x	5.0%

資料來源：LinkedIn Economic Graph

　　過去一個世紀以來，企業的營運和擴張模式基本上沒有出現過太大變化，設立地區總部或本地辦公室，往往是企業招兵買馬、大展拳腳前的必然步驟。這代表着，如果你居住的地區並不是心儀公司擴張時的首選地點，在不移居的前提下，你也理所當然地會錯過加入心儀公司的機會。但在遙距工作當道的今天，根據 LinkedIn 統計，把工作地點設定為 Remote 的招聘廣告，在 2020 年至 2021 年間

大幅增長了 3.57 倍（357%）[1]。這些工作會以沒有地點限制的前設開放給所有人，名副其實是有能者居之。

作為招聘市場的第一手觀察者，筆者也開始留意到，不少以往習慣把新加坡視作擴張基地的外資科企，開始在不同地區刊登相同的招聘廣告，意味着這些科企已經率先適應了不受地區限制的招聘策略，把重點放在找出最適合的人才。

世界公民的切入點 ✏️

當然，這只是故事的開端，遙距招聘還面對一連串需要解決的問題，包括不同城市有不同的勞工法例、最低工資、退休保障等。經營和業務擴張出現瓶頸，往往是科技新貴樂於見到的狀況，應運而生的是容許這些遙距優先（Remote-first）的公司，在合規程序下進行全球招聘的人力資源科技（HR Tech）平台，目前所見，其背後支撐的是一個可配合全球化的薪資系統（Payroll System）。基本上，這些「軟體即服務」新創（Startup）透過發展 HR Tech 成功得到天文數字的融資，據這些公司的資料顯示，無論是大中小企，在地點和法規都不受

[1] 資料來源：*Employers catch on: remote job posts rise 357% as tech, media lead the way*（https://www.linkedin.com/pulse/employers-catch-remote-job-posts-rise-457-tech-media-lead-anders/）

限制的情況下，服務需求者和用戶數字均呈現倍數增長。

　　一個簡單的比喻是，Amazon 和阿里巴巴（Alibaba）這些改變全球生態的線上貨物交易平台，令生產者和消費者不再受到地域限制，生產者可以接觸到更多潛在顧客之際，消費者的可選擇貨品清單也在無限擴張。而新登場的 Remote-first Payroll System 可讓像你我般的服務提供者，在工作時不再受限於地點。

> 有危便有機，這個新模式同時代表着，香港的僱主可以把曾經定點在本港的工作機會開放出去，屆時你的競爭對手將來自全世界，而香港的工資水平可能會讓你「輸在起跑線」，儘管這對某些人來說依然是機遇，但也絕對會為相當群組帶來危機感，令持續自我增值變得刻不容緩。

　　筆者個人十分樂於見證這個趨勢，因為理想畫面中，自己選擇留守香港的發展空間似乎增多了。如果你面臨學業或事業上的抉擇，不妨以世界公民（World Citizen）這個身份作為切入點，給予自己更宏闊的想像空間。由此路進，30 年後的筆者會身處何地這種問題，好像突然變得不太重要了，因為筆者毋須再遷就工作地點的條件，喜歡哪裏便去哪裏，跟自己一同上路的是所熱愛的工作和更勝他人的技能。

工作碎片化後的半佛系人生

在工作遙距化的推波助瀾下，工作碎片化也隨之勢不可當。

阿里巴巴創辦人馬雲與 Tesla 創辦人馬斯克（Elon Musk）在一次有關人工智能長遠潛力的公開對話中，馬雲曾經這樣說：「我覺得一週工作三天，一天工作四小時很好了。」他未提到的前設可能是：「日後要達到這樣的理想狀態，我們這一代人必須先『996』。」所謂「996」其實是一種工作時間制度，意思是上午九點上班、晚間九點下班、一週工作六天，這是不少亞洲辦公室人員的真實寫照。

由於民間缺乏「積極向上為國家帶來貢獻」的共識，不難理解「佛系青年」[2]和「躺平主義」[3]思潮在「996」工作制運作下相繼浮現。當冰島、西班牙等西方已發展國家，以至長年視高工時為基本

....

[2] 佛系青年，含義是借用佛門清心寡慾、淡泊名利的形象，反映青少年對各樣事物表現出低慾望、追求平和、淡然生活的狀況。

[3] 躺平主義，指年輕人在經濟下滑、社會階層流動困難、社會問題激化的大背景下，對現實環境失望而選擇「與其跟從社會期望堅持奮鬥，不如選擇『躺平』，無欲無求」的處事態度。

責任的日本也開始順應民意，為了讓人們取得更好的工作生活平衡（Work-Life Balance）而引入「每週四天工作」制度之際，依舊環繞着港人的長工時似是反其道而行。

拒絕過度追求物質生活，安於現狀、一切從簡、選擇輕鬆過生活，甚至乎凡事止於做好本分、不作強求、放棄過多的嘗試，在筆者眼中，這些個人意願和取態都沒有錯。筆者感到可惜的地方反而是，勞動市場正湧現「996」以外的「非時間買賣」工作選擇，在輕言躺平前可以先作參考。

Freelance 界新景象的啟示

作為求職平台的經營者，筆者注意到不少經歷了疫情大起大落的僱主，開始把不同類型的工作職務分拆。外判（Outsource）並不是新模式，在勞工條例未成型前更是相對盛行，然而，這次微型工作回歸，並非因為僱主嘗試剝削僱員福利，而是僱主有感人手編制和規劃追不上環境變化，若能有效運用市面上的自由工作者（Freelancer），除了直接有

助於擴大人才庫，還可達至靈活安排人手和經濟至上原則。不少僱主在把某部分工種「碎片化」後更發現，此舉並未影響工作成果的專業水平。因此，我們見到不少僱主逐漸把同一做法應用在更多工種上。

根據擁有 350 萬名「服務需求者」、全球最大 Freelance 工作平台 Fiverr，在 2021 年 3 月的數據顯示[4]，十大熱門工作需求的類別已不再局限於翻譯、平面設計、影片製作、文案撰寫及程式編碼等技術含量偏高的工作，更擴展至諸如社交廣告計劃和博客帖文服務（Blog post services）等過往通常由全職僱員負責的內容。雖然如此，目前含金量（報酬）排行榜依然由手機程式開發、視頻編輯、名片設計、影片製作和網站設計佔據前列；而在 Freelance 界競爭最大的工作，前五位依次是翻譯、編校、插圖製作、視頻編輯和社交媒體廣告（Social media advertising）。整體來說，市場熱切渴求不同領域、專長的 Freelancer。這裏希望帶出的是：躺平是一種選擇，但如果你只是為了逃避 996 工作制的話，不妨考慮工作碎片化下的其他新機會。

自由工作貌似十分吸引，但要成功突圍而出毫不容易，關鍵在於兩點：一、心態調整，二、個人品牌建設。心態方面，本章稍後「劃時代的自由工作者」一文會提供實例闡釋，而本書第五章大部分

[4] 資料來源：*Side Hustle Economies*（https://www.canva.com/business-cards/side-hustle-economies/#earnings）

篇幅則圍繞個人品牌建設的重要性和技巧。

在聽說過某些網紅（KOL）非法逃稅過億元後，我們得到的啟示是 —— 內容創作者絕對可以「錢」途無限。

互聯網高速發展使數碼內容創作者的入行門檻大幅降低，長久以來，創作界都有一個不成文的「20/80」行業共識。20/80 定律意味着，不到 20% 的創作者掌握了業內逾 80% 商業收益，當中還未計及被平台營運商抽成的部分。以全球擁有 1.65 億名付費用戶的串流音樂平台 Spotify 為例，當中只有不足 3% 音樂人每年收到超過 1,000 美元的版稅，大部分收益集中在一小撮人手上。

好消息是，隨着 P2P 電子支付的進步，以及市場對高質量與多樣性內容的需求，內容創作者現在想直接接觸付費支持者（Paid Users），不一定要通過如 YouTube、Instagram 或出版商等食物鏈的頂層，近年市場孕育出 Udemy、Patreon、OnlyFans 等人人都能共同參與並直接向支持者收費的內容分享平台。數據顯示，在電子報平台 Substack 上，收入最高的作者藉由訂閱制一年可賺取超過 50 萬美元，而在線上課程平台 Podia，也有獨立創作者月入逾 10 萬美元。如果你有慣性付費使用任何內容頻道，可以想像身邊還有不少跟你一樣願意付費支持高質內容的人。

工作碎片化是科技進步下的大勢所趨，求職市場對此有兩極化意見，負面看法主要針對僱員權益，憂慮這令資方擁有更多談判權。雖然對合約僱員的福利保障成疑，但無可否認，Uber、foodpanda這類隨選服務（on-demand service）營運模式讓我們可以根據自己的生活時間表提供服務。而Fiverr、Upwork等自由工作平台（Freelancer Platform）也讓自由工作者「想工作才工作」的可行性大大提高。誠如前文所說，遙距工作模式是疫情留下來但帶不走的時代產物，該模式獲大幅普及和接納，直接促進更多工種和工作能以外判形式完成。

　　筆者認為遊走於躺平與否的人，不妨重新思考出路問題。不適應長工時的世代，在今時今日還有很多方法不躺平。從前我們對於「就業」一詞所下的定義，在零工經濟（Gig Economy）、熱情經濟（Passion Economy）和創作者經濟（Creator Economy）盛行的今天已經被改寫。要妥善掌控自己的工作生活平衡已非遙不可及，不論是電競遊戲、影片製作或之後會提及的技能，林林總總的興趣和熱誠都有機會化為生財工具。當你做了自己的老闆，大可以間中躺平、間中工作。

被全面改寫的
僱傭關係

　　黑色暴雨警告下的居家工作安排，多年來被視為勞工法例默許的「額外假期」，然而，不少人選擇性忘記背後邏輯是希望減低極端天氣下出行發生意外的風險。2021 年香港的天氣不算大起大落，但颱風季期間也迎來了數個熱帶氣旋，使不少僱主擔心，若要求原本已因疫情 WFH 的同事在打風日如常工作，會否抵觸法律。

　　其實，問題核心是我們應該如何定義僱傭關係。

　　僱傭關係是一種交易，僱主付出薪資、傭工提供服務，由於不少僱傭合約會以白紙黑字寫下「朝九晚五」的工作時數，在標準時數外的工作會有加班費補償，這使不少人長久以來視僱傭關係為時間上的交易和銷售。

在工作遙距化的新常態下，老闆難再依賴進出辦公室的拍卡時間計算僱員工作貢獻和報酬，而這正在迫使僱主重新定義僱傭關係。

大學副修經濟學的筆者難免想起書本上提到，當年因世界工業化、機器取代人手生產的風潮下，計時工資（Hourly Rate）逐步普及並取代計件工資（Piece Rate）這段歷史。當然，情況未必會逆轉返回按產量計薪的模式，但幾可肯定在接下來的日子，工種和工作的關鍵績效指標（Key Performance Indicators, KPI）會更偏向任務導向（Task Orientation）和量度完成任務的效率，這反映在愈來愈多工作的招聘說明變得更仔細和明確具體。舉例說，對 IT 從業員的要求已經由往日擁有某大學學位，演變成對某些特定程式和電腦語言的實際經驗。傳統上受勞動市場偏愛的「通才」，或所謂上知天文下知地理、前通歷史後懂科技的人，可能會在某些工種上失去優勢。

在落地層面，上述改變十分考驗僱主與員工間的溝通，以及兩者的互信程度，特別是一些較難預計工作時數的任務上。反之，潛在好處是，如果你對自己的工作效率有一定信心，可能你會在這種模式下賺得更多「收費」的私人時間，也更容易突圍而出。

基於這種以生產為上的僱傭關係定義，黑色暴雨警告下有否放假權利的討論似乎已經變得沒有意義，因為人們不能以天氣為由推遲工作的完成進度。

其他可取之處還包括未來工種的設計會變得更

着重工作的價值和意義，過往非常長的一段時間裏人們致力提倡的工作生活平衡，即將變成「工作生活整合」（Work-life Integration）—— 兩者的界線變得更模糊。

這不是意味着我們要放棄生活、全天候工作，反而更多是在評估一份工作是否適合自己時，我們應該考慮工作本身與個人追求的人生價值是否相符。所謂「寓工作於娛樂」，如果你的工作產出正正是你希望帶來的改變，那麼工作可能真的是娛樂，愈做愈起勁。

劃時代的
自由工作者們

#01 Sharon：跳出獨角獸　做自己的老闆

　　筆者所讀的大學是不少大企業進行校園招聘時的熱門選擇，身邊同學在畢業季來臨前通常已經有一定數量的聘書在手，以傳統就業率計，每年幾乎都是全民就業。

　　在這樣的環境中，筆者對有點「非主流」的蔡莉莎（Sharon）留下深刻印象。

　　大學時代的 Sharon 是個較貪心的人，幾乎每次碰面時都在嘗試不同的專案，而筆者也經常開玩笑地叫她不要再「浪費時間上學」。Sharon 在畢業時也決定加入打工大軍，首份工作是當年本地電商新創中估值最高的一家「獨角獸」[5]，任職市場發展部門。但即使這家公司在軟硬件方面都沒有虧待

　　[5] 獨角獸（Unicorn），指成立不足 10 年但公司估值達 10 億美元或以上，而且還未上市的科技新創。

Sharon，當時的她還是嫌打工生活太過穩定。

2015 年至 2016 年間在電商新創工作的 Sharon，第一身感受到網上交易平台崛起所激發的本地和跨境貿易機會。電商成功建立了讓個體戶面向全球消費者的渠道，商機不再只集中於位處上游可進行直接營銷（Direct Marketing）且分銷網絡遍佈全球的大型品牌上。她不希望再次錯失時機，在權衡個人財務狀況和能力後毅然離職，憑恃年輕作為衝動的理由，當上自己的老闆。

分析過不同平台的數據和潛在流量後，Sharon 選擇在亞馬遜這個國際電商平台開設網店，並使用亞馬遜物流服務（Fulfillment by Amazon, FBA）踏進美國消費者市場。FBA 物流服務在當時極具顛覆性，把原本繁複的供應鏈管理，簡化為商家只需將商品運送到亞馬遜集運中心，亞馬遜便會負責取件、包裝和配送，並為這些商品提供買家諮詢、退貨等客戶服務，藉此讓個體商家可節省大量人力、物力和財力。

◤ 自僱生涯三大啟示

　　儘管 Sharon 掌握了比別人多的數據，但開業初期並沒得到比別人多的甜頭。她除了要頻繁到內地尋覓低成本廠房外，最早期的數款產品也未能打動消費者。幸好，在 2021 年書寫這個記錄的筆者，正好印證着 Sharon 沒有踏上 80% 至 90% 中小企開業不到兩年便倒閉的命運，她的品牌成功以家具產品突圍而出，業績高峰期的月度銷售額達六位數。由於亞馬遜模式的便利性，個體商家一旦成功建立品牌，剩下的工作基本上就只是確保供應鏈能夠準時補貨，現在 Sharon 正把賺回來的時間和經驗，用於建立另一個新品牌。

　　Sharon 坦言：「打工的日子當然比較舒服。以前無論工時多長，回家後的時間全都屬於自己，可以放鬆直到隔天上班為止。反觀自僱下，時時刻刻都在想生意的事情，畢竟是自己投資、自己負責，每分鐘都是成本。」

　　經歷了不少風浪和旁人質疑的 Sharon，回顧這段創業日子後得出三大啟示：不要比較、不要自我懷疑、堅持自律。

　　不要比較：每個人的階段和際遇都有出入，每天都要提醒自己不要跟別人的生活作比較，不忘初衷。

不要自我懷疑：工作佔了創業者生活的 99%，做得開不開心至關重要，心情會影響能量，記得時常感謝自己的付出。

堅持自律：自僱表面上很自由，但愈自由就愈要自律。沒有了固定的上下班時間後，可不可以堅持一個適合自己的常規，以及為自己訂下目標和具挑戰性的死線，就是成功與否的關鍵。

#02 Iris：始於法學院的烘焙師之路

與 Sharon 同樣被視為「非主流」的還有新晉網店烘焙師黃詠彤（Iris）。Iris 是一個自小被社會定義為學校模範生的人，但亦是模範生這個光環促使她在大學時進入了法學院。「有時成績好的選擇，比成績中遊更有限」，這句話道出了香港「興趣行後」的一貫生態。在法學院的四年，提醒 Iris 要在未來人生更竭力聆聽和追尋自己的想法。

2019 年，在開始經營網上烘焙店的兩年前，Iris 在一家日式連鎖麵包店過着平日朝七晚四搓麵團、週末上烘焙課的生活。一流的新鮮人履歷表不但未有為初闖烘焙界的她帶來任何優勢，反之受到不少行內老師傅質疑其動機和毅力。閒語閒言無阻 Iris 展現好學徒精神，畢竟機會成本（Opportunity Cost）比同行的人高，雖然麵包製作的工作內容重

複性極高，但搓麵團所帶來的滿足感還是遠大於閱讀法律文件，也讓她重新確認了對這個興趣的追求。Iris 特別強調自己現在是一個以顧客食物體驗為先的烘焙師，而不是傳統只停留在製作產品的麵包師傅。

回歸現實，香港網上烘焙店泛濫，要生存以至獲利，比任何其他產業都不容易。以網店形式銷售新鮮食品的最大痛點之一，是分銷渠道有限，難以根據需求預測供應，生產鏈的不完整大幅限制了增長空間。Iris 目前為止仍是個時間有限的 one-man-band，體驗了上述落差後便開始逐步以社交媒體作宣傳支柱。在定期售賣麵包的同時，也開設了營利空間較高和收入模式較穩定的烘焙中心，更主動出擊尋找實體咖啡廳讓產品上架，橫向開拓收入來源。單就財政狀況而言，Iris 不期望自己能在短時間內追上放棄了的法律職業，但在她眼中，金錢並不能跟顧客的欣賞相比。

談到自己可能是本地烘焙界中最熟悉基本法的師傅時，Iris 還是感謝法學院給她的知識和訓練。除了給予她很多書本以外的學習空間，讓她可更進一步瞭解應該如何定位自己，也把她打造成一個充滿自信和表達能力更好的人。筆者在參加過 Iris 的烘焙製造課程後，似乎更能理解這番話。

#03 Rachel：辭官轉跑道　傳承創新火炬

　　有別與 Sharon 和 Iris，陳嘉宜（Rachel）的「自由」開展於人生較晚階段，但以時間點來說，卻可以被稱為早期的自由工作者。

　　Rachel 是港英時代的典型尖子，人生的第一個十年在政府中擔任被視為「天之驕子」、「高官搖籃」的政務主任（Administrative Officer, AO），歷經不同決策局的政策倡議和法例修改工作、協調社區內的政府服務與設施，以及派駐港府的海外辦事處。

　　離開公營體制的想法萌生於千禧年出國深造期間，留學過程令 Rachel 意識到公共政策的推動不應限制於公營機構內。回港後，她決定「落地」，在體制外以獨立顧問和半官方機構的身份提倡和促成公私營合作（Public-Private-Partnership）。當公務員時，她瞭解到政府體制過於龐大，要從內部推動改革很困難，有時由外界主導會更容易。

　　香港政府針對不同業界的資助措施頗多元化，Rachel 下定決心後，開始馬不停蹄以自由人名義向不同社區組織爭取資源執行實驗計劃（Pilot Project），希望把驗證成果交予政府以便繼續進行效益擴大化。而其中一個由 Rachel 埋下種子，到今天發展成亞洲年度盛事的，便是由投資推廣署（InvestHK）倡議的 StartmeupHK 創業節。

早在香港新創生態系統還不成熟的 2010 年，社會已經有不少組織自發吸引全球年輕創業家到香港尋找事業合作夥伴。而當年一個名為 Make A Difference 的青年論壇，看中 Rachel 可以擔起協調活動、尋找贊助商、連繫政商界的重任，她亦不負眾望，在活動第三年成功邀請昔日政府同窗、說服投資推廣署參考該論壇的形式，間接催生了自 2013 年開始從無間斷的 StartmeupHK 創業節。

作為本地較早期的自由工作者，Rachel 認為最重要的是「工作生活整合」（Work-Life Integration）。

相對於財政不穩健、剛畢業就踏上斜槓族（Slash）工作模式的年輕人，Rachel 在選擇工作上自然有更多主導權，可以拒絕不喜歡或理念不合的工作。雖說當初是因為熱誠投身自由工作，Rachel 認為熱誠不足以成為個人職涯發展的唯一指標，她更愛用於衡量工作的是日本工作哲學 Ikigai（生き甲斐），宗旨是找出生命的意義或活着的價值，思考的範圍包括：

1. 你喜歡做的事？

2. 你擅長的事？

3. 世界需要你幫忙的事？

4. 別人會付錢請你做的事？

如果能找到一個東西是同時具備這四個重點的，那就是可以發展的方向。

執筆之時，擁有 15 年自由工作經驗的 Rachel，除了繼續經營自己的顧問公司外，還是「薯片叔叔」曾俊華退下火線後的教育界非政府組織（Non-Governmental Organization, NGO）共同創辦人，她希望拋磚引玉，推動香港成為一個地區性的教育創新實驗室，閒時也會在大學擔當客座講師，分享創新管理（Innovation Management）的秘方，貌似十分自由自在。

「斜槓族可以説是每天都放假，也可以説是一年 365 天都不放假。」不少 Rachel 昔日同窗現在已是特區政府的司局長，從原本一帆風順的康莊大道，突然轉跑道出走，她似乎沒有一絲不甘，更多的是感到一絲僥倖。無官一身輕，畢竟今天在官場打滾也毫不容易。

Chapter 03
以世界公民角度定位未來

在全球人口高齡化、科技高速發展和疫情帶來的職場大洗牌等多重影響下，相對於技能及知識，或許年輕才是最大本錢。憑着「獅子山精神」打出名堂，充滿拼勁的實幹型香港人，在離開與否的十字路口前，其實有比想像中更多的選擇。離開，對世界公民來說，不代表犧牲，亦不代表逃避。

香港人才在國際市場的定位

「MADE IN HONG KONG」多年來擁有絕佳口碑，作為任職於擁有招才廣告產品的社交媒體管理人員，筆者不得不承認，在過去一段時間，來自其他經濟體系、針對香港人才的技術移民宣傳日漸增加。

多一個選擇，在大多數情況下都不是壞事。香港早年作為中西經濟的交匯點，配合得天獨厚的地理優勢和非一般的歷史因素，成功打造出一批又一批以「獅子山精神」闖出名堂的實幹型香港人。成長於這顆「東方之珠」的人才向來被視為具國際視野、守法守規，是不少國家希望吸納的人才。當中特別受歡迎的是年輕一輩，畢竟不少以福利制度經營的西方國家面臨人口老化問題。移民或出外工作的念頭充斥在疫後的香港。十字路口前、面對選擇的筆者，嘗試從數據洞察自己應如何定位。

非官方的人才流動統計數據顯示，近年來按目的地計算，中國內地、美國和英國毫不意外地是香港畢業生的優先選擇。以專業背景計，香港作為金融之都，被收納的固然以金融行業專才為首；金融之外，北上人才的排行榜還包括相當數量的互聯網

和資訊科技專才。反之，美國和英國則看中了香港的高等教育界。

　　近年香港開始把發展重心放在所謂的科技轉移（Technology Transfer），即是把研發結果商業化，疫情期間成功把細胞研發結果轉化做有效藥物的科學家，正是一個時代性的生物科技例子。高等教育界作為主要科研成果的集中點，自然成為經濟發展的引擎。香港作為幾所全球五十大高等院校的家，大學產出的研發人員在世界舞台上佔據重要席位，跨國流動性自然更高。

　　雖然移民不是筆者目前人生階段的首選，追蹤不同地區的移民政策卻是筆者的興趣之一。

　　除了希望瞭解自身的國際競爭力，此舉也有助筆者瞭解不同經濟體系由人才政策延伸的整體發展方向。從各地出入境機構的公開資訊可見，投資移民如今已經不是主流，更盛行的基本上都是技術移民。以香港人熱愛的台灣而論，台灣當局自2010年實施《外國專業人才延攬及僱用法》，推出「就業金卡」，積極吸引在科技、經濟、教育、文化藝術、體育、金融、法律及建築設計等八個領域的專

業人士。以高品質生活自詡的澳洲政府亦於 2020
年設立專責招攬國際人才的工作小組 Global Talent
Attraction Taskforce，針對先進製造（Advanced
Manufacturing）、農業科技（AgriTech）、循環經
濟（Circular Economy）、網絡安全、電影、太空科
技、金融科技（FinTech）等 15 個產業人才提供快
捷便利的入境安排。

好比很多從世界各地匯聚香港的人才，移居
他方一向不代表我們要犧牲前程，更多的是
把握一個以世界公民角度找尋自己定位的機
會，說不定闖出的路會更闊更遠。

來自香港的
世界公民

#01 Hosea：投身美資銀行圓美國夢

　　如果要就世界各大城市的「工作地點夢寐以求度」做一個排行榜，名列前茅的相信少不了三藩市這個美國加州重點都會，那裏亦是著名科技天堂矽谷的所在地。在三藩市設立全球總部的企業，包括 Google 母公司 Alphabet，還有 Apple、Netflix、Airbnb 等令人充滿憧憬的明星巨企和青出於藍的後起之秀。

　　然而，樹大招風，三藩市近年也受到不少批評，當中最主要的問題是生活成本急增，當地居民開始被迫外移至其他相對宜居的美國二線城市，以及出現初創發展空間遭扼殺、大企業吞併高成長潛力新公司的現象（一旦收購失敗便往往會嘗試抄襲），最典型的例子莫過於科網巨企 Facebook 兩度提出收購即時動態（Instant story）程式 Snapchat 均遭拒絕後，Facebook 便開始在旗下一系列社交媒體 Facebook、Instagram、WhatsApp 加入類近功能，直接令 Snapchat 面臨被取締的危機。很多像

Facebook 般的巨企長時間壟斷市場，看中一般用戶因轉換成本（Switching Cost）過高難以離棄其服務，市場取態亦隨之漸漸變得目中無人。

　　話雖如此，三藩市仍是不少人、特別是科技界從業員的夢想之城。筆者與該市的緣份目前僅限於公幹出差時短暫停留，但短短數天已經留下深刻印象，除了一堆以彩繪女士（The Painted Ladies）為首的維多利亞建築、九曲十三彎的倫巴底街（Lombard Street）和著名景點金門大橋（Golden Gate Bridge）等一個個響噹噹的地標之外，讓筆者感受更深的是那個充滿生機和新概念的社區。

　　三藩市成功聚集的不只是改變世界的龍頭科企，還有這些公司背後的人才。在咖啡廳裏隨便找一個陌生人對話，也可能會認識到一個希望改變世界的新公司或產品。老實說，三藩市在無形之中也給了筆者很大壓力，因為感覺當地每個人都進步得

作者拍攝的三藩市著名地標之一彩繪女士（The Painted Ladies）。

很快、正在把握每分每秒為一個新的夢想築巢,令人不甘落後。

長大於新界屯門的李恩晧(Hosea),在大學時以交流生的身份第一次踏足美國,便默默地與這個國度「私定終身」,計劃一有合適機會便回來。Hosea 看中的並不完全是發展機會,更多的是追求從未接觸過的新社群和理想生活步伐。「多元化和包容性,以及每個人都很勇於表達和承認自己的態度」是 Hosea 愛上三藩市的起因,多元化的社區每天都持續地為他帶來原動力和新奇感。

清楚明白自己需要提高競爭力的 Hosea,並未在畢業後馬上行動,也沒有直接投身科技行業。他清楚瞭解到銀行業才是香港輸出最多人才的產業,所以選擇加入美資大行摩根大通(J.P.Morgan)的私人銀行部(Private Banking)擔任分析員。香港作為亞洲國際金融中心,是全球不少大銀行的地區總部所在地,被外派到其他地區辦公室的機會也相應較高。

Hosea 所屬部門主要負責協助銀行超高淨值(Ultra-High-Net-Worth)客戶進行資產管理和跨境投資等一系列「有錢人會面對的煩惱」。私人銀行十分講究「關係為本」,銀行家與客戶間的長期互信基本上決定了一切,令 Hosea 出乎意料的是機會來得比想像中快,因為上司決定移民的緣故,Hosea 在 2017 年的夏天跟着老闆來到了這個念念

不忘的國度。雖然搬遷後的工作內容變化不大，甚至由於與華人客戶存在時差而經常需要半夜工作，而且三藩市也比想像中邋遢和混亂，沒有香港般完善的交通設施，但初來報到的 Hosea 對新生活狀態還是相當滿意。

因為疫情而令居家工作變得恒常化，Hosea 現在基本上每個月也會到美國境內不同城市工作，他尤其偏愛像夏威夷般的沙灘城市，也開始透過公司申請入籍美國。

▸ 從泳池到大海　彰顯多元重要性

問及身為華人的 Hosea，會否擔心在白人社會面對前途受限的升遷問題，他表示自己的部門主要服務跨境華人客戶，現時公司架構也以華人管理層為主，而且美國法律對私人資產的保護相對較完善，近年亞洲資產流入歐美市場的需求持續上升，所以對前途仍然感到明朗。

對於有沒有計劃從傳統銀行產業轉職至新型金融科技，Hosea 保持開放態度，他認為客戶管理是銀行業內最有價值的部門，但在「科技為本」的財務公司則只是行業中的第二層，他在客戶管理領域累積的經驗，若移到以個體（Individual）為主要服務對象的金融科技界，未必有很大發揮空間。況且傳統銀行也並非一成不變，產品和服務範疇均在逐步更新，故在銀行業的學習空間依然無限。

筆者在與 Hosea 的對話中，不難感受到對方的滿足感，以及那種對生活充滿熱情的回應。Hosea 在香港的教育和工作背景，無可否認屬於典型的天之驕子，但他把自己從香港這個泳池拋到美國這個大海後，不但沒有出現不適，反而隨着環境變化而愈游愈起勁。在三藩市這樣的城市生活，讓他感受到處處是人才，在欣賞別人優秀的同時也自知要多加努力。

　　香港多年來以銀行業這個支撐起中環景象的功臣為傲，業內匯集世界一流人才和資金，充滿發展機會，不過，也是因為銀行業的壟斷性，導致本港經濟單一化，到近年因鄰近城市金融市場崛起，才開始投資更多元化的經濟產業。

　　反觀美國的多元化，Hosea 充分感受到當地年輕人可以尊重自身愛好，不會因為學業成績特別出眾而一心把自己打造成律師或醫生，每個行業都有其可塑性，也成功吸引了擁有共同愛好的有志之士。

#02 Steven：加入聯合國馳援非洲

　　香港作為一個特別行政區，不能自行處理外交事務，而港府駐外人員大多也是專責經濟貿易工作。事實上，對不少國家來說，外交事務相關單位以及該生態系統背後衍生出來的國際聯繫機關，往

往是當地最大僱主之一。以瑞士第二大城市、「世界和平之都」日內瓦為例，常駐該地的超過 40 個世界組織和 750 個 NGO，共創造了逾三萬個工作機會，而這些世界組織的足跡遍佈環宇，像大家所熟知的聯合國（United Nations），僅這一個機構，已在全球直接聘用約 3.7 萬位僱員[1]。如果把聯合國下設的專門機構（Specialized agencies）計算在內，數字可能足以媲美澳門總人口[2]。

從小到大聽過很多人懷着一個「在聯合國工作」的夢，但真正付諸實行的人少之又少，李俊杰（Steven）是筆者朋友圈內罕有的堅持者。跟大部分世界組織一樣，聯合國是依靠不同國家支持和捐款維持運作的非牟利機構，我們亦不時在本港街頭看到相關的籌款活動，香港也長期是人均捐款最踴躍的地區之一，惟香港人要實現「聯合國夢」，往往比那些來自聯合國會員國的人困難得多，亦可說是在語言和地區影響力方面存在先天缺陷。

聯合國是全球最大規模的跨國組織，《聯合國憲章》（United Nations Charter）訂明，其宗旨是促進世界和平安全及國際合作，至 2015 年更由全體會員國一致通過了 17 個可持續發展目標（Sustainable Development Goals, SDGs），作為 2030 年前的資源投放重點，涵蓋範圍包括：

....

[1] 資料來源：*Facts and figures about International Geneva*（https://www.eda.admin.ch/missions/mission-onu-geneve/en/home/geneve-international/faits-et-chiffres.html）
[2] 據澳門統計暨普查局公布 2021 年第三季資料，當地總人口為 68.23 萬。資料來源：https://www.dsec.gov.mo/zh-MO/Statistic?id=101

i. 消除一切形式的貧窮；

ii. 消除飢餓，達成糧食安全，促進可持續農業；

iii. 確保並促進各年齡層的健康和福祉；

iv. 確保有教無類、公平及高品質的教育，並提倡終身學習；

v. 實現性別平等，賦予婦女權力；

vi. 確保所有人享有水、衛生，以及相關的可持續管理；

vii. 確保所有人都取得可負擔、可靠、可持續及現代化的能源；

viii. 促進包容且可持續的經濟成長，讓每個人都有一份好工作；

ix. 建立具韌性的基礎設施，促進包容且可持續的產業發展，同時加速創新；

x. 減少國內及國家之間的不平等；

xi. 建設具包容性、安全、有韌性及可持續特質的城市與鄉村；

xii. 促進綠色經濟，確保可持續的消費及生產模式；

xiii. 採取緊急措施以應對氣候變化及有關影響；

xiv. 保育及可持續利用海洋與海洋資源，並確保生物多樣性（Biological Diversity）；

xv. 保育及促進陸域生態系統的可持續使用，對抗沙漠化，保持生物多樣性；

xvi. 促進和平包容的多元社會，以落實可持續發展；確保司法平等，建立具公信力且廣納社會意見的系統；

xvii. 強化可持續發展的執行方法，以及活化可持續發展的全球夥伴關係。

　　總括而言，基本上所有跟可持續發展相關的議題都被收錄進去了。雖然地球似乎依舊每天面對着很多有礙可持續發展的衝擊，但假如沒有了聯合國，世界可能會變得更加自我中心主義。

　　生活在第一世界（First World）[3]的我們，或許對糧食安全、水與衛生、高品質教育等議題連基本認知也欠奉，像筆者透過與 Steven 的對話，才首次進一步瞭解到糧食安全在某些地區所衍生的功用。「大部分當年把（進入）世界組織視為理想的同窗，最後都選擇了更近水樓台的本地公務員

[3] 第一世界，通常指稱以西歐及美國為首的自由民主、法治及資本主義國家和地區。一般是相對於第二世界（社會主義及共產主義體系國家）和第三世界（泛指亞洲、非洲、中南美洲的發展中國家）而論。

工作。」在香港攻讀語言學的出路和發展空間一向不是特別明確，懷有「聯合國夢」、主修法文的 Steven，在大專畢業後輾轉到法國和奧地利進修發展學（Development Studies），以歷史、文化、性別等不同角度探討一個國家發展相對落後的原因。關於為甚麼選擇法文和法國，背後主要因為不少聯合國支援的國家都屬法語區，包括他現在留駐的西非國家科特迪瓦（Côte d'Ivoire，又名象牙海岸）。筆者對非洲的認識十分有限，基本上就是動物大遷徙和撒哈拉沙漠，所以腦海裏浮現的畫面是 Steven 跟不同動物在沒甚麼綠色植物的沙漠地區共處。

科特迪瓦是一個依靠海港貿易的沿海城市，也是世上最大的可可豆產地，由於曾成為法國殖民地[4]，所以要在當地生活及工作，懂得法語是基本條件。該國憑藉海港這個天然優勢，近年發展速度比鄰近國家快，並吸引了不少世界組織進駐，隨之而來的是很多像 Steven 般的非本地面孔；又因為近年中國大舉投資非洲，所以中國人社群在科特迪瓦也日益壯大。民生方面，音樂和開 party 均是日常生活重要組成一部分，也是週末最常見的畫面。

▉ 追逐理想背後　潛藏不確定性

Steven 現時受聘於聯合國世界糧食計劃署（World Food Programme, WFP），該機構榮膺 2020 年諾貝爾和平獎，成立宗旨是幫助那些無法

[4] 科特迪瓦自 1893 年成為法國殖民地，直至 1960 年才正式脫離法國獨立。

生產與獲得糧食的人和家庭。所謂糧食計劃，除了在天災人禍等危難情況下作出食物分配、提供人道援助之外，也包括不少以糧食為主導的活動冀改善長久存在的問題。

在 Steven 參與協調的項目中，最令筆者印象深刻的是「校園供餐計劃」。在勞力與生產力直接掛勾的「無工開、無飯開」地區，不少家長都會拒絕讓孩子上學，因為教育不能解決即時的生計問題。然而，知識改變命運，當一個經濟體系中的教育被

受聘於聯合國世界糧食計劃署的 Steven，在非洲的工作日常。

遺棄，長遠只會累積更多危機，校園供餐計劃因而誕生。以食物作為吸引家長送孩子上學的誘因，直接確保在校孩子可得溫飽，同時也直接促進在地的農業需求及發展，一舉最少三得。Steven 在這些項目中的主要工作是基於南南合作（South-South Cooperation）[5] 的大原則促進多邊機構協調，幫助當地政策制定者設計有效的計劃，以求逐漸和長遠達到可持續性發展，拉近經濟體系之間的差距。最簡單易明的比喻是，不直接給你蘋果，但給你蘋果種子和種植蘋果樹的技巧，「授人以魚，不如授之以漁」。

與很多依靠捐款運作的組織一樣，聯合國的大部分初級職工都以合約形式聘用，來年崗位存在與否，十分依賴籌款進度。根據 Steven 的說法，由於糧食供應跟不少第三世界的生命有密切關係，所以世界糧食計劃署的資金來源相對穩定，續約也較容易。

儘管近年香港出現了更多以創造社會影響力（Social Impact）為原則運作的機構，但相對於西方國家，這個行業在本港貌似還未成氣候，行業的生態系統也不算成熟。Steven 有不少同事在離職後，都會回到自身所屬國家負責外交政策或擔任當地的國際組織連繫工作，反觀香港的狀況，像 Steven 這樣為國際組織服務的人，未來前程則多添了一層不確定性。

．．．

[5] 南南合作，南南的意思是位處南半球和北半球的南部絕大多數發展中國家，這些國家為擺脫已發展國家的控制，從 1960 年代開始開展專門的經濟合作，因而得名。

#03 Lily：駐上海推廣新素食主義

　　作為世界上人均消費力最高的低稅率地區之一，香港向來是不少奢侈品公司的區域總部。但對於很多日用性的消費品而言，我們必須承認的現實是，香港的人口數量限制了銷售增長空間甚或是背後延伸的社會影響力。「只要能打動國內百分之五的人口認識『替代蛋白』下的新素食主義便足夠了」，這是近年半推半被吸引到中國內地發展的陳莉莉（Lily），為自己訂下的三年目標。

　　在營利為先的商業世界，Lily選擇踏足中國內地，其實更希望建構一個新興產業的生態系統，推廣一個深深影響她人生的理念 —— 素食主義是一種生活態度。

　　健康生活這些年一舉由非主流變成潮流，除了促使一系列傳統行業加快轉型外，亦孕育了一眾以先進科技打造健康生活方式的新公司。當中對筆者帶來最直接影響的是食物選擇，在替代蛋白（Alternative Protein）科技面世改變市場之前，筆者對素食的印象停留在貌似有很多醬料及色素的蔬果拼盤。現時大部分人抱着保護動物和環境的心態茹素，沒有甚麼人會因為「好吃」而作出這個選擇，而情況正逐漸改變。

　　Lily的茹素之旅大概始於她二十出頭時，背後

動機也是出於關注地球上其他生命體的惻隱心。她是一個典型性格倔強的人，自茹素後，每次被問及為何成為素食者時，她都嘗試給予最詳盡解釋，只盼說服多一個人「動物是人類的朋友」，筆者也是深受打動的其中一員。

保持這份心態的 Lily 變得更主動，筆者作為其大學同窗的最後幾年，見證着她一步步加入更多動物權益組織，以至參與遊行示威，希望在更多公開平台讓大眾瞭解相關議題，同時亦想向商家和政界施壓，這樣的生活維持了數個寒暑。然而，在講究方便和效益先行的香港，餐飲界多年來通過鋪天蓋地的廣告宣傳，把肉食、營養和社會地位環環相扣起來，難免為 Lily 和她的同行者帶來相當長時間的失望。

主修商科的 Lily 開始意識到事情複雜性，三不五時的抗議和報道不可能跟餐飲界的資源相提並論。年輕消費族群注重食物的是可觀性和話題性，當素食仍不是一種隨手可見、具炫耀價值、能說服主流餐廳採用的產品，要硬梆梆地從動物權益角度入手把茹素變成大眾習慣，根本是「未學行先學走」。作為筆者朋友圈子中最坐言起行的人，Lily 決定暫別香港，走訪世界各地取經。

▚ 初衷 vs 妥協　亟需開放心態

老實說，那時能夠理解 Lily 想法的人屬於少數，當大多數同學選擇在一線大城市發展之際，她

則以交流生身份暫居拉丁美洲，畢業後為了加入國際動物保護機構而移居菲律賓，對她來說，這都是追求理想、答案和社會影響力的過程。商學院的教育和在非牟利機構的經歷，讓 Lily 瞭解到想更快取得社會影響力，素食必須要與商業緊密掛勾。同時，在科技突破、糧食危機和全球疫情等大趨勢推動下，社會和主流消費者都日益關注食物安全及可持續性，她意識到時機成熟，再次改變事業軌道，轉職到一家專注投資替代蛋白技術的創投公司（Venture Capital），為具有量產潛力的替代蛋白公司提供所需資源和人脈網絡，務求 360 度扭轉消費者對素食的固有印象，實行「出錢出力」推動這個新行業的發展。

Lily 走訪世界各地為推廣茹素文化取經，圖為她在中途站之一的菲律賓。

在執筆之時，植物肉（Plant-based meat）[6]行業的總體市值早已超越百億美元，素食風氣也漸漸不再局限於年長人士市場，包括麥當勞（McDonald's）在內的一眾跨國餐飲品牌，也相繼投放資源研發和生產有關產品，行業的發展空間不遜於任何科技產業。故事一開始時的 Lily，應該沒有想到素食行業會在短短幾年間由被排擠變成主流，好比她對個人事業發展所作出的抉擇一樣，當中雖然不乏「時勢造英雄」的機遇，但她最應該感謝的還是那份一直陪伴自己的初衷。在這次時隔多年後重聚的對話中，筆者深刻感受到 Lily 對自己和世界的期望不減反增，是少數沒有被現實打沉的一員。

中國是不少植物肉公司首選發展的市場，現在 Lily 因為工作關係需要長駐上海。對於住在這個不曾在心目中理想居住城市名單上出現的地方，她原本只視作一個妥協（Compromise）。但過了一段日子後，認知到中國市場之大，除了讓她這種以目標意義為本（Purpose-driven）的投資者嚮往，這座巨星城市的五光十色、進步速度及多元文化也意外地深深打動了她。

上海多年來作為中國開放市場政策下的先頭部隊，一直是外商的集結地，吸引了國內外頂尖人才。中國國境之遼闊，我們很難以三言兩語概括，與其在電腦上閱讀世界，何不親身體驗一下？

....

[6] 植物肉，指以植物原料製成，模仿動物肉的口感、味道或外觀的的替代蛋白食品。

與 Lily 相比，筆者頓時覺得自己和大部人一樣隨波逐流，我們欠缺的，或許是一股衝動，或許是一份相信自己的勇氣，但更多的可能是一個開放心態。心態正確比方向正確來得重要，因為方向通常會隨時間而改變。要堅持一個不平凡的理想，日子絕對會過得不容易，但前路的不確定性，正正是人生成長所需要的養分。細心一想，假如一開始便決定踏上一條已有很多人經歷過的人生路，好像真的沒有太大趣味。

#04 Hilton：從星洲奔往世界的數據分析師

數據被視為新時代的石油，疫情年間，大至疫苗配額、人流管制、出入境政策，小至日常消費、網上購物、餐飲外賣，背後都離不開透過數據分析作決定。疫情政策和生活數碼化的芸芸應用例子之中，最讓筆者印象深刻的不得不提一眾社會科學家如何利用互聯網大數據，在法庭上辯論某些新法例的覆蓋性，字眼與字眼間的相關係數（Correlation Coefficient），很大程度上為一些較模糊的條文寫下具體定義。

數據應用普及化不只意味着行業對專才的需求，更多的是改變了每份工作的基本技能要求。以筆者的工作為例，內容主要涉及客戶管理，而現在每次開會都離不開以數據回顧過去和預則未來。與筆者一樣出身商學院，但在畢業後投身市場營

銷（Marketing）專業的 Hilton，亦感受到數據崛起對其工作帶來的影響。除了積極面對日漸變得數字化的工作內容外，在科技界打滾的他也不得不擁抱「Data is the new oil」的新行業共識。

「如果你有能力學會和運用一種新語言，學會與數據打交道，對你來說只是 a piece of cake」，Hilton 形容自己的轉型比想像中容易和順利，過程中需要的學習素材更可說是在網絡世界唾手可得。以他的經驗看來，由於數據行業的整體人才供應不足，不少僱主都願意開放機會予有學習潛能但沒有相關資歷背景的求職者。

現時他每天都沉醉於「與數據玩遊戲」，通過運用已成為「好友」的 Python 和 SQL 等資訊視覺化工具（Data Visualization Tools），以分析師（Insight Analyst）的角色在全球最大專業人士招聘平台 LinkedIn 上，解答各種有關勞動市場變化和趨勢的問題。Hilton 和他的團隊不但影響着自身公司的方向定位，更成為很多政策制定者和教育家所依賴的資訊分析源，實踐了從工作中獲得社會影響力的理想。

▍ 對爭取社會影響力的反思

筆者記憶中，Hilton 是一個不典型的商學院學生，對比起把工作崗位價值最大化（Profit Maximization），亦即營利的能力，他更重視工作的意義（Purpose）和社會影響力，這種取態讓初出茅

廬的 Hilton 曾一度假定，自己的職涯起跑點必須是以助人為依歸的社企（Social Enterprise）。

社企的出現和存在，通常跟社會問題有密不可分的關係，在說故事的層面很容易吸引到一些同樣希望解決社會問題的人。筆者有幸在工作中接觸到不少投身社企的人，也一直很欣賞他們的熱誠，然而，筆者很愛強調的是，每個行業、每間仍在運作的公司，都必然是在為某些人解決某些問題，背後十分視乎社企提供的價值是否與你自身價值觀相近。

回顧筆者個人的職涯起點，與很多香港商學院畢業生一樣，銀行金融是投身社會的第一份工作。當年筆者無法在日常工作中找到絲毫意義，後來才由別人口中理解到，金融體制以至背後的信用系統（Credit System）如何主導全世界運作。現在筆者不會斷言否定任何事物的存在價值，更多的是嘗試循不同角度進行剖析。同樣的覺悟也出現在 Hilton身上，而讓他找到更多個人價值、學會更規模化地解決問題，以及洞察產生影響的是科技行業。

Hilton 自小對香港以外的世界特別好奇，畢業後最先踏足美國初創圈，之後大部分時間都住在「亞洲矽谷」新加坡，當地作為大部分跨國科技公司的區域總部，除了在整體架構上為科技從業員提供更廣闊晉升機會之外，由於是不少歐美公司拓展亞洲業務的第一站，故提供了很多「早期員工」（Early Employee）的職場機會，對抱有雄心壯志的

人來説當然不容錯過。再配合相對不排外的入境政策，新加坡自然成為亞洲的人才集中地，在辦公室內很容易找到來自鄰近不同國家的頂尖人才，情況足以媲美三藩市。

熱愛多元文化的 Hilton 十分享受這種社會結構（Social Structure）帶給他的朋友圈子，這亦是他在當地持續找到驚喜和動力的泉源。在很多地方居住過的 Hilton，十分欣賞新加坡民眾對國際人才的包容性，他在當地生活從來沒有感受到格格不入和種族歧視。

數據分析作為近年香港以至全球最求過於供的技能，Hilton 在職場的吸引力，從他平日接到無數來自世界各地的工作邀請可見一斑。背後除了因為大部分地區的移民政策都把數據分析師歸類為優先吸納專才外，各行各業對相關人才的渴求更是與日俱增。憑藉一技之長，Hilton 最近已透過內部調動移居愛爾蘭。對世界充滿好奇心的他説，還不確定自己下一站會在哪裏，但有信心自己與數據的緣份應該可以細水長流。

#05 Tommy：離港赴英 科研路展拳腳

英國在歷史層面與香港密不可分，促使這個舊日的殖民大國長期成為不少港人心目中的第二個

家。無論是當年回歸抑或是今天時局變遷，擠滿的依然是一班班前往倫敦的客機。在香港土生土長的九十後繆敬恒（Tommy）是其中一名乘客，但與別不同的是，他踏上的不是一趟以逃避為出發點的旅程，而是倫敦剛好適合他在科研範疇大展拳腳。

對於深受香港速食文化熏陶，從小都未能在書本中找到太多樂趣的筆者來說，長達 18 年的校園生活已經是極限。反觀現年約 27 歲，以博士後研究生（Postdoctoral Researcher）身份在學校全職操作試管的 Tommy，別人大概也看不出他如何在實驗室內滿足好奇心（Curiosity）。

普遍而言，科學研究是一個「後期成功」的工作選擇，所以在速食文化濃厚的香港，一向不是特別受畢業生歡迎的職場出路，直至近幾年國際社會爆出一連串公共衛生危機，新一輩才逐漸親身體驗和意識到科學工作的社會影響力。「科學家的最大研究誘因是預防和解決人類日常危機」，這是大學時主修生物學，之後在神經系統（Nervous System）研究實驗室實習，專注於發育生物學（Developmental Biology）早期胚胎發展和胚胎幹細胞課題的 Tommy，迄今領悟出的真理。在他眼中，生物多樣性是世上最複雜的問題，如何透過瞭解人類身體找到再生基因（Regenerative Cells），是他每天工作的動力。

筆者因日常工作需要，對不同行業的發展狀況

都有一定程度認知，但可能因為科學家都偏向以行動發聲（Action speaks louder），學術界可說是最神秘的一行。筆者曾經以為，科學家可以慢工出細貨，識字重要過識人，最重要的研究都在最好的大學裏進行，上述主觀印象都有幸被 Tommy 一一打破。

▌ 科研須鬥快　入行重視 3Ps 及人脈

科學研究是一個與時間競賽的產業，重要的研發結果往往擁有無限商業價值，在同一個時間點，針對同一個項目進行研究的實驗室散佈世界各地，當中最早發表（Publish）研發結果的，就是有關專利（Patent）的勝利者，Speed is the King and Winner takes all。這意味着，一個重大的發現和適時發表，會對科學家的人生帶來重大改變。

科研同時也是一個有相當程度「家族遺傳」的職業。首先，科研人才所需要的 3Ps，即 Purpose, Persistence, Patience（目標、堅持、耐心）不是每個家庭都能培養出來；其次，業內人脈（Network）在科學家的起跑階段來說同樣關鍵，背後道理有如大律師必須要跟隨一個師傅實習的入行條件，研發人員在沒有「父幹」的條件下，要找到第一個願意接收自己的實驗室着實不容易。第三，在 Tommy 眼中，科研絕對不是所謂的 one-man-band，團隊夥伴的優劣在很大程度上已決定了遊戲結果。

老實説，筆者最初接觸 Tommy，看上的是他在享負盛名的倫敦帝國學院（Imperial College

London）工作背景，內心原本預料會得到一個嫌棄本港大學缺乏發展空間的故事。結果瞭解到，Tommy 當初啟程赴英，並不全然是為了這所排名世界前十位高等學府的名氣，更多的是他有興趣的科研範疇在該校得到重視。

在資源有限的前設下，每間學校都必須在研究方向上作出取捨，所以對科研人員來說，求職過程更着重的是找到適合自己的實驗室，這個實驗室可能正好存在於哈佛、劍橋等老牌大學，但也不能排除出現在其他學校的可能性。

對於像 Tommy 般的科研新血來說，英國學術界的深厚歷史和產業完整性都是誘因。英國為了保持研發的領導地位，政府近年亦積極向外招手，同時在撥款方面毫不吝嗇，給予人才十分高的靈活性和自主性。

▌ 港府撐創科　「遲到好過無到」

説到科技基礎設施，其實香港一點也不落後他人。擁有多間世界性的一流大學，以及當中的科技轉移（把科研結果商業化和規模化）潛能，近年普遍被視為香港經濟發展的新引擎。

廿一世紀最為人熟悉的科技轉移例子不得不提 BioNTech，在疫情年間，由一個小小的實驗室，憑着單一疫苗研究成果，搖身一變成為年銷售額超

過 250 億美元的行業領頭羊。背後除了點石成金的經濟效益外，還有金錢不可衡量的英雄地位。在過去數年，港府《財政預算案》都有大篇幅關於 InnoHK 創新研發平台的字眼，長遠投資過百億元支援本地科學家的研發工作，總算是「遲到好過無到」。雖然政策的落實力度還有待觀察，但對於像 Tommy 般的科研人員而言不失為一大喜訊。

最後，生物科研只是芸芸研究的其中一種，也有不少對人類行為具好奇心的學者選擇深造經濟、歷史等人文科學。在社交媒體行業打滾的筆者，第一時間想到，這些平台如果可借力心理學家的助攻，透過觀察和數據解構網民的一舉一動，可望得到消費者進一步青睞。

#06 Vanessa：在愛爾蘭矽谷讓事業騰飛

有見科網行業盛世和加州矽谷為美國經濟帶來的影響，近年世界各國爭相建設地區性的「矽谷」，務求成為高增值公司的據點。暫時在歐洲跑出的，不得不數愛爾蘭首府都柏林。愛爾蘭自詡為歐洲人才聚集地，除了因高等教育普及化，區內人口政策也提高了國際人才流動性。人才分佈固然是國際企業挑選辦公室據點的重要優勢之一，而在此之上，企業更多着眼於當地是否有便利的利得稅制度和匹配的軟硬件配套。

稅款是大部分政府的主要收入，此乃不爭事實。在以完善社會福利制度自豪的歐洲，平衡低企業利得稅的折衷方法便是提高個人入息稅，把此一稅率上限設定在 40% 的愛爾蘭還不是當中之最。雖然如此，繳稅的壓力無阻在西班牙進修後的 Vanessa 選擇留在歐洲發展。

　　當年在清水灣科大商學院主修市場營銷學（Marketing）的 Vanessa，一直覺得數碼營銷（Digital Marketing）世界與「數碼暴龍」世界一樣，是一個充滿未知的國度。在畢業後加入 SEO Research Firm 的日子並未能滿足她對這個範疇的好奇心，也是促使她踏上出國進修之旅的主因。

　　西班牙不算是一個熱門的香港人進修地點，但 2016 年時，數碼營銷碩士課程選擇相對有限，與很多歐洲留學生一樣，Vanessa 在碩士畢業後來到了一眾科企的歐洲地區總部、資源集中且是大部分科企高層所處的都柏林。對於外來者而言，歐盟作為一個經濟共同體的好處是，手持西班牙的學生簽證也可以在歐盟區內其他國家尋找工作機會。

　　在數碼營銷世界打滾的人，應該不少都跟 Vanessa 一樣懷有「Facebook 夢」，因為在很大程度上，Facebook 可謂數碼營銷始祖，除了成功開發和商業化（commercialize）了一個全新產業經濟鏈外，還直接或間接地改變了人們接觸資訊的方式，甚或是左右了我們可以接觸到的資訊。像 Facebook

一樣擁有成熟產品（Product）的巨大平台通常會把每個僱員的工作內容分拆得很細，只負責某一特定產品的某部分工作。

▶ 歐洲個人稅重　更關切生活品質

關於 Facebook 的產品，筆者希望讀者不會和某些美國參議員一樣提出「Facebook 如何賺錢」這般高深的問題。成功圓夢，目前屬於 Facebook 業務發展（Business Development）團隊的 Vanessa，日常工作範疇主要是服務並協助英國地區的傳媒與娛樂業（Media and Entertainment）客戶，以最有效的方式投放資源、建立國際品牌形象和拓展客源。Facebook 對新一代而言的重要性或許逐漸減退，但在商業世界數碼營銷層面上，對 Facebook 的依賴性仍可透過 2021 年末一次影響全球 28 億個體用戶的 Facebook 斷線事件反映出來，持續 6 小時的斷線，據估計受影響的廣告投放總值達 7,800 萬美元。

雖然筆者有不少大學同學到歐洲進修不同專業後都留在都柏林工作，但從未踏足過這個城市的筆者，對當地的認知更多是來自大熱神劇《權力遊戲》（*Game of Thrones*）。這次從 Vanessa 口中瞭解到，都柏林相對其他我們熟悉的科技重鎮顯得較為寧靜，感覺像一個悠閒的湖邊城市。

都柏林是不少歐洲人的事業中轉站，很多人也會因為希望追求更好的事業發展機會來到這裏。

Vanessa 在都柏林相識的大部分朋友都不是當地人，而大家也因為沒有一個固定圈子的緣故而變得更樂於交友。都柏林的湖面寧靜，但湖中凝聚了來自世界各地的追夢者和他們所帶來的文化，這種環境讓 Vanessa 感到很舒適，努力工作的同時也不忘觀察和學習歐洲人對 Work-Life Balance 的重視。

　　近年有愈來愈多學者開始把歐洲的稅制與經濟發展放慢掛勾。高稅率影響勞動力投放是難以避免的事實，因為除稅後的個人純收入，十分努力和不太努力的人，差距可能變得不怎麼明顯，因此輕鬆地過生活成為了很多人的生活態度。香港的個人入息稅率可謂全世界數一數二的低，對於每年都十分害怕收到稅單的筆者，儘管很喜歡歐洲的濃厚歷史，卻很難想像如何融入歐洲的稅制。

　　選擇在都柏林這個舉世科企爭相設立地區總部的地方發展，實在不無道理，因為在與 Vanessa 交流不久後，她已轉職到另一家同樣選址都柏林的美國科企。設立地區總部不單代表着成功引進熱辣辣的資金，背後更關鍵的是創造一連串的就業機會。

　　香港近年在吸引外資方面，明顯不敵同樣擁有地域優勢的新加坡，筆者看着不少在新加坡的舊同事，被一眾還沒踏足香港市場的高速成長型獨角獸招攬，內心不時也會懷疑自己是否因為身份證的關係，而錯過了更佳的發展機會。

小結：離開不應該是為了逃避

移民之上，筆者更希望着眼於每個人生抉擇背後的原意和目的。

必須承認的是，對新鮮事物的追求是人類的本性之一。與很多成長在香港這塊小土地但懷抱大夢想的香港人一樣，筆者自小都對外面的世界很好奇，不甘於把自己的視野和足跡限制於荃灣到柴灣。由於在學時一直無知地誤以為暑假是會永遠存在的，跟筆者一起成長的朋友都應該有聽過筆者那每年去一個新城市生活兩個月的幻想。

過去數年因為學業和事業緣故，幸運地有機會旅居北京、西班牙、美國和台灣。在更進一步地接觸到每個地方的風土人情後，每個地方都在某些層面上成為了筆者理想中的第二個家。

作為擁有 13 億人口的大國政治首都，2013年的北京聚集了大江南北的奮鬥精神，畢竟「北上」的背後本身已經很不容易。筆者在北京遇到的每個人都充滿故事性，是典型的上進型城市。

2014 年所觀察到的西班牙也大大地改變了筆者對生活品質的重視和看法；不知為何在那年的7、8 月期間被外派到那人人都正在享受暑假的巴塞隆拿，在某程度上重燃了筆者每年去一個新城市

生活兩個月的幻想。2015年見證到美國人的好奇心，以及2016年感受到的台灣人認真地過小生活的溫度，對筆者人生價值觀所帶來的影響和啟示更是一言難盡。話雖如此，筆者目前仍自願定居香港，覺得香港的繁榮和方便最適合自己現在的人生階段和發展需要。

世界之大是我們很難單純從書本上或別人的口中感受到的。這些年的出門除了讓筆者認識到更多潛在的理想國度外，也大大改變了筆者對生活的看法，比如那個很想從巴塞隆拿引進一個咖啡品牌的秋天。長期接觸新事物是激發想像力（Creativity）和創造力（Productivity）不可或缺的元素。當然，不一定要在千里之外才有接觸新事物的機會，但我們的好奇心好像總會在不熟悉的環境中提高。

筆者2015年在離鄉別井的目的地——美國波士頓，影相留念。

偶爾在與定居香港的外國朋友交談中瞭解到，他們選擇告別的不單是一個城市，更多的是自己長時間在同一個城市生活的心態。不難想像的是，我們每次出遠門時都會因為覺得機會難逢而變得興致高昂，生怕錯過任何一樣有趣的東西，同時也會因為身處於一個陌生的環境，而變得勇敢地百分百做自己。他們離開的不單是一個環境，還有那個環境為自己帶來的種種定義。這番說話為還未離鄉別井的筆者帶來的反思是 —— 如果筆者能適當地調整自己的心態，可能在哪一個城市生活的分別都不會太大。

　　在整合這本書的內容期間，筆者也短暫地在大嶼山的小島上停留了數週。民宿是在旅遊網站Airbnb上隨便找到的，沒有特別的要求，只要有寧靜的空間和一個足夠筆者享受早餐的露台便可。雖然不是旅程的重點，但內心也有微微地期望民宿會有一個好客的主人，可以在寫作無聊的時候找點樂趣。民宿的主人是一位叫約翰的中年男子，是一個以自己國家發生戰爭為由來港尋求庇護的伊朗人。在碼頭碰面時，他的第一句話便是：「如果你對我的身份感到不舒服，可以免費取消這個預訂。」

　　從碼頭走到民宿只有不足一公里的步程，但感覺好像用了一整個下午的精力，因為約翰不斷抱怨香港人如何不知足。筆者是一個很討厭把投訴掛在口邊的人，因為投訴不能改變甚麼，行動才最實際。本打算一直保持距離的筆者，在好奇心的驅使下還是忍不住嘗試去認識一下這個長途跋涉來到香

港的伊朗人。約翰每天的生活幾乎一式一樣，便是在民宿前的空地維修鄰居送來的單車，因為這是他在庇護身份限制下唯一可以做的事情。雖然鄰居們都面帶笑容，但感覺大家都在「善用」（take advantage of）他那沒有甚麼機會成本（Opportunity Cost）的時間。約翰在離鄉後已經超過 10 年沒有接觸過自己的父母和結髮妻子，也不抱會再次見面的期望。他的眼睛裏流露出筆者不曾感受過的寂寞和空洞，他感覺這個世界沒有一個屬於自己的身份和角落。筆者是個知道一切得來不易，時常懷有感恩之心的人，但不曾想過一些對筆者而言猶如呼吸的權利，在某些人的世界是多麼不可觸及，在那一刻，筆者最想馬上回家給母親一個暫別了兩週的擁抱。

儘管筆者對「History repeats itself」一説不帶懷疑，2020 年還是成為了筆者內心的時代分水嶺。街上的人都哼着流行樂隊的一句歌詞「世界變了樣，你我變了樣」。香港在改變的同時，世界也在改變。美國度過了特朗普時代、英國終於脫離歐盟、日本由平成走進令和，而筆者也告別了一些自己珍而重之的人和事。記得把握每一個可以出門生活的機會，因為這些經歷將會幫助你印證「You don't know what you don't know」。

離開不應該是為了逃避。每個人都應該在可行的情況下定期「離開」，去發掘地圖上可能更適合自己的目的地，筆者也一直以這樣的心態在尋覓屬於筆者的「瓦努阿圖」。

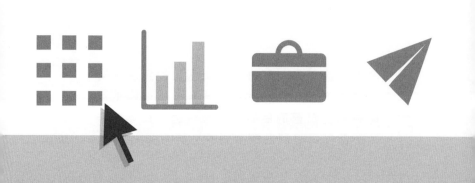

Chapter 04
裝備自己才是迎接挑戰的上策

相對於「有效期」可能只有約 5 至 10 年的硬技能（工作等活動中所必需的知識及技能條件），軟技能（泛指情緒智商、個性、社交禮儀、處事態度等個人特質）的「壽命」一般會長久得多。當香港教育界把目光聚焦於廣義上屬於硬技能的 STEM 教育時，其實勞動市場對軟技能的需求更大。

歷久常新的
職場態度和軟技能

　　以不變應萬變是出自道家哲學的重要思想之一。即使世界正在急速改變，經驗告訴筆者，某些我們從小到大被教育的處事態度和方法，在未來的日子仍會有其用處。

#01 分析和解決問題能力

　　每個能夠找到自身市場價值和定位的公司，必然是在為社會、為大眾解決某些問題。分析和解決問題（Problem Solving）的能力，依舊是大部分老闆長期在尋找的員工特質。雖然在科技的庇蔭下，感覺上世界變得更緊密、相互連接，日常生活變得更便利，上一代的人經常會感嘆「今天的世界很美好，今天的人很幸福」，筆者沒有不同意，但也會時常反問自己「今天的世界到底有更多抑或更少的問題」？每個人看法不一。過去的世界並沒有在持續地平衡發展，以及人類對於無限方便的渴求，還沒被發現或等着被解決的問題，應該是沒有上限的。

　　若你希望藉着掌握解決問題的能力而成為受歡迎的人才，第一步應該是探索和瞭解已存在或正在形成的問題，如果對於這些問題抱有同理心就更理想，亦即是有解決的動機。每當被問到已存在的問題有甚麼時，筆者都偏向先舉出前文提到的聯合國17個可持續發展目標，正好充分闡述了17項不得不解決的問題。在解決這些問題的過程中，涉及不同層面的本地和國際持份者。

　　當然，你並不一定需要像上一章〈Steven：加入聯合國馳援非洲〉中的主角一樣，千里迢迢踏足有最顯著問題存在的非洲，以外交形式第一身引入資源。例如聯合國17個可持續發展目標中排第四的優質教育（Quality Education），筆者在結識良師香港（Teach For Hong Kong）創辦人陳君洋（Arnold）之前，一直不認為在香港這個已成功實施12年免費教育的地方，教育是有需要着眼的問題。

　　Arnold作為本地教育制度下的勝利者，當年以十優姿態升讀哈佛大學，畢業後回流本港，大可繼續善用頭上光環，成為中環精英。然而，他意識到本地教育資源分配存在嚴重問題，決定跳出舒適圈，投身以複雜見稱的本地教育界，希望讓

新界學生也能感受港島學生的多元化體驗式學習
（Experiential Learning），培養好奇心。

讓 Arnold 立定志向背後的原因，正正是他因自身優勢，多年來成功牢牢緊握了大部分社會資源所衍生的不安全感。在每個人都是持份者的教育界打滾，Arnold 每天都在解決新問題，師資、老師認受性、家長和學生的取態，是當中數個相對頑固的問題。解決問題始於發掘問題，而筆者圈子中最成功的人，往往便是那些能夠從日常生活中觀察到問題的人。

#02 創新和創造能力

另一個老生常談的技能是創新和創造（Creativity and Innovation）能力。近幾年，新創公司出身的人在求職市場上的議價能力逐漸提高，不少僱主看重的是他們的創新和創造能力。

在這必須強調的一點是，相對能夠想到新概念（Idea）的能力，市場上更重視的是「把概念落地」的能力。相信我們很多人曾經在看到一個成功的產品或企業時，覺得自己也有過相似的念頭，頓時後悔自己慢了一步，被人捷足先登。會天方夜譚只是一個故事的開場，能夠把事情實際做出來的人卻有限。

在筆者圈子中，憑藉初創經驗成為職場新貴的不得不提梁珮珈（Rebecca）。當年一起踏進校園一起畢業的 Rebecca，在有感 Fresh Grad 機會成本較低，nothing to lose 的前提下，選擇了一個跟大多數港大同學不一樣的工作環境，到一家當年不為人知的台灣初創企業 KKday 任職香港第一號員工。

結果，當朋友圈子裏的夥伴將要完成兩三年期的企業管理見習生（Management Trainee）培訓時，Rebecca 已經晉身為該家不再籍籍無名的旅遊初創公司之香港和東南亞區總經理，工作內容包括支撐八位數字的公司營收和管理雙位數字的員工，她也成為各大報道初創新聞媒體的常客。很快就有行家留意到 Rebecca 以年輕為本錢的非一般創造能力，促使她輾轉加入一間龍頭娛樂公司，以 Intraprenuer[1] 的身份幫老牌企業進行數碼轉型，再創造新的價值。

#03 溝通和待人接物技能 ✏️ 📎

科技的進步是一柄雙刃劍。在網絡通訊不發達的年代，人與人之間的直接接觸機會比較多，但這並不代表溝通（Communications）和待人接物

---

[1] Intraprenuer，無正式中文譯名，或可稱為內部企業家，泛指在大型組織內進行企業家行為的人，透過內部創新來為組織拓展新價值或業務。

（People Management）的技能，在今天和明天的網絡世界失去重要性。反之，因為接觸機會減少，如何在有限的會面時間內發揮這些技能，變得更加關鍵。在缺乏足夠實體相處下溝通，進一步考驗人們如何展示身為一個同事、一個老闆、一個下屬的同理心（Leading with Compassion），在作出每個發言前，都需要充分考慮對方的處境，感同身受地作出適當的人性化回應和決定。

#04 開放心態和科技接受度 ✏️

開放心態（Openness）和科技接受度（Technology Adaptability）均是理想員工條件的不二之選。Change is the only constant，這是我們不太願意接受的事實，畢竟我們本質上面對改變總會產生一定程度的不安感。開放心態當然不止於科技層面，而是涵蓋對所有新事情保持一種不抗拒性。嘗試的成功機會是一半一半，不做的機會卻是零。世界首富、Amazon 創辦人貝索斯（Jeff Bezos）曾提出，世界上可以存在並持續發光發亮逾百年的企業寥寥可數，背後主要因為很多已經達到成功的大公司，對接納新科技十分有保留（very reserved），以致出現延後或錯誤決策。

企業如是，人也如是。在 2021 年開始被時代淘汰的不單止抗拒科技洗禮的舊式企業，還有不願

意開放自身、不與新科技同行的公司管理層。對全球最大的科技推動者（technology enabler）微軟香港區一姐陳珊珊而言，疫情就好像一面鏡子，清楚地把公司領導階層歸類。而定義新世代領導的並不是有沒有電腦或程式相關背景，更多的是對於「以科技主導的未來」有沒有一份憧憬和想像。

「Do changes concern you or excite you」是一眾科技公司常用的開場白。根據美國獵頭公司海德思哲（Heidrick & Struggles）調查報告顯示，2021上半年的整體行政總裁更換率歷史性地升至10%，反映不少公司渴求尋找新領導層部署未來。幸好，誠如陳珊珊在本書引言中提到，香港大型藍籌公司中與微軟達成合作的比例高達90%，港企願意轉型的情況尚算樂觀。

#05 國際觀 ✏️ 🔖

在世界一體化、主要經濟體系角力漸趨恒常化，以及政策變化影響日常經營的大環境下，國際觀（Global Mindset）也從可有可無逐漸變成職場必備基本條件。

特別是身處像香港般的外向型經濟體系，無論公司規模大小，經營上少不免必須跟跨地域的持份者保持交流，對方可能是你的客戶、供應商、投資

者或者分銷商，而他們的經營狀態難免會受所在地的政策和社會狀況影響。能夠緊貼時事作出適時決定的生意夥伴，將會是他們的合作首選，也理所當然地會成為僱主招才時的最佳對象。

#06 敏捷靈活性 ✏️ 📎

敏捷靈活性（Agility and Flexibility）是疫情年間遺留的另一個必備工作態度和技能。這除了代表可作出靈活的安排外，同時亦意味着能接受靈活的要求。曾有研究指出，現代人平均每天要做多達 75 項大小決定，在環境變化愈趨頻繁的今天，數字只會有增無減。能否接受靈活的工作內容、工作環境、工作模式，都體現出一個員工的特質，也是勞動市場對於求職者的期望。

而在筆者的工作範疇，其中一項不得不掌握的敏捷靈活性項目，便是適時自我增值，時刻學習使用最新的生產工具（Productivity Tools），避免長時間一成不變。願意通過定時 unlearn 和 relearn 來配合時勢變化，是不可或缺的成功特質。這特質的極致例子，可以類比〈Hilton：從星洲奔往世界的數據分析師〉（本書第 107 頁）中的 Hilton，在掌握最新職場脈搏後，決心從頭開始，擁抱未知，靈活以對。

#07 情緒智商

最後，是筆者個人最看重，也最着力發展的情緒智商（Emotional Intelligence, EQ）。雖然說人類與機器最大的差別，是人類能夠作出經過情緒考慮的決定（情緒判斷），但這帶給人類的不一定是優勢。相信我們每個人都會有失去情商的時候，也會經歷過一些別人失去情商的狀況，儘管我們都清楚知道理智（Rationality）的重要性，但這並不代表我們可以掌握這項技能，所以若能夠以高度情商處理事情，也不失為一個應向理想僱主展示的自身賣點。

從過來人的眼中
看快樂事業三大秘訣

雖然筆者一再重申，成功不應該被標準化和量化，但作為一個以事業為當前重點的人，筆者還是覺得有那麼一群經常獲媒體報道、書本記載、文章引述的人（及其故事），很值得我們參考。筆者因工作之便，有很多機會向這群人學習，也從跟他們的互動中歸納出一些步向「快樂事業」的竅門。

秘訣一：學會判斷一份工作是否適合自己

人才對每家公司來說都是最重要的資產，因此，不惜花上百萬經費打造自家品牌、力求成為行業「最佳僱主」的公司，比比皆是。我們在真正投身一份工作前，看到的基本上都是市場營銷的訊息，所以相關資源投放較多的大公司，表面上自然較有吸引力。

在找工作時，我們往往很習慣把焦點都放在一家公司的產品形態、規模大小之上，但其實我們更應該重點觀察和判斷該公司的團隊，特別是未來上

司。一個好老闆為你帶來的影響往往遠多於一間大公司，道理就像遇到一個好的啟蒙老師。

當然，一流老師與一流學校之間沒有排斥性，但也未必有關聯性。大部分工作都會有重複的部分，所以不要期望可以在同一份工作上得到無止境的學習空間，唯有人際互動可帶來無盡的學習機會。

筆者很看重應聘面試過程中的互動性和雙向性。無論公司有多大、多華麗，如果你不能欣賞你的上司，沒有動力去花盡心思、努力表現自己、爭取認同，相信你跟這份工作的緣份很快就會過期。

面試和「被面試」有不盡相同的處理態度。每次被面試時筆者都會輕鬆應對，甚至反過來是以「判斷該工作是否適合自己」的心態進入面試室。因為筆者深信自己能為一個團隊帶來新突破，所以很喜歡在面試時提出問題去判斷對方是否理想工作夥伴，並盡情展示自己對該工作的好奇心。到後來筆者成為面試團隊的一分子時，也會主觀地更偏好有這種態度的求職者。

市面上大部分談管理（Management）的書，往往都會把重點放在如何管理下屬（Manage down），卻忽略管理上級（Manage up）這一部分。在筆者的字典裏，管理上級即是如何取得上司的肯定和信任，為自己成功爭取到更多旁人沒有的表現機會。當然，把握到機會後很依賴個人發揮，但管理上級的技巧，確實為筆者事業發展帶來無可替代的正面影響。每個人看重的事都不一樣，所以我也不能簡單總括如何與上司建立互信關係，而個人做法通常是習慣把小事情辦好，一段時間下來別人自然會看到你的能耐。

秘訣二：把小事情做好的重要性

如上所述，筆者相信這世界上大部分工作都會出現重複性，而喜歡重複性工作的人不多。這引伸到討論的第二點，「Small work in the great work」，把小事情做好的重要性。

我們往往很容易會覺得別人的工作比較有趣，忽略了自身工作的價值和重要性。經常性渴求改變會造成很大的心理壓力，所以我們要時常提醒自己當初選擇這份工作的原因，也可以多些從別人的角度幫助自己判斷。這道理是從筆者高中時的數學老師身上領悟到。

在筆者中學畢業 10 年後的舊生聚餐中，年屆退休之齡的數學老師兼班主任，還有偶然在工作中認識的半退休大師姐也出席了。以數學理論來說，大家的公分母（common denominator）自然離不開中學趣事點滴。言談間發現，原來數學老師 30 年來都以同樣的笑話叱咤班房，而同一個笑話卻啟發了幾代人。如果他在第五年、第十年或第二十年便不再充滿熱誠地重複相同的笑話，可能筆者今天的人生會變得截然不同。

當然，我們也必須承認某些情況下，是因為工作形式或環境變了質令我們感到沒趣，而這可能是要換工作的先兆。

秘訣三：小心患上拖延症 ✏️ 🔖

第三點想探討的是都市人常見的拖延症（Procrastination）。我們每天要做的決定很多，大至要不要移民，小至要不要吃早餐，我們很習慣地害怕在沒有充足資訊下做錯決定，因而選擇拖延。

筆者不希望一概而論，但在大部分情況下，時間都是最大的成本。最近聽到有個對藝術很講究的朋友打算開咖啡店，他的內心很興奮，然而，開張的日子卻一延再延，為的就是搜購最合適的裝飾品。理想很美好，但每天要付的租金還是要付。

拖延症為線下實業帶來的影響可能限於成本，但如果是科技產業，產品推出的日子比別人晚了一天就是一天，有機會只因為這一天之差就失去可觀的市場討論和份額。

　　「Be the change you want to see」，這幾年觀察下來，大部分成功的人或公司都是以目標為本的。目標在這裏不僅是指一些數字、盈利，更包含背後的故事和理由（Cause）。尋找自己工作的原因是一個漫長旅途，可是千萬不要放棄，因為找到後的你絕對會更熱愛生活，更熱愛工作。

　　每個人在職涯上都難免會錯過一些機會，緊記不要被這些錯失蓋過自己的光芒。日後回頭看的時候就會發現，正正是因為這些錯失，你才會變得強壯，變得和別人不一樣。

與時並進的 領導才能

近年《哈佛商業評論》上有一篇備受重視的個案分析（Case Study），題為 *Why Chief Human Resources Officers Make Great CEOs*。由此可見，傳統上被視為成本中心（Cost Center）的 HR 部門，在世界多變的今天已經突圍而出，對企業的重要性可以媲美、甚至超越對數字敏感的 CFO、擅長營利模式的 COO 和統管產品的 Chief Product Officer，一切並非空穴來風。

筆者在書中不同章節反覆提及，未來人與人之間的相處模式將會被顛覆，而這些改變都在考驗一個領導者的人才管理（People Management）能力。領導者不單止在辦公室處於食物鏈上層的人，因為每個人總有機會在某些日常或工作情況下擔當領導者。

信任、同理心和權力下放

有危便有機，對緊貼人才需要的 Chief Human Resources Officer（CHRO）來說，這是一個展示以信任、同理心和權力下放作為領導主軸（Leading with Trust, Compassion and Empowerment）的契機。

估計日後企業很難續行傳統朝九晚五的經營模式，當同事不再面對面地一同在辦公室工作時，這將十分考驗大家是不是能夠相互信任（Trust）各自的工作夥伴（Business Partner）。誠然，建立互信是多方面的責任，但首先必須願意踏出第一步。建立信任的過程將會十分考驗一個人有沒有同理心（Compassion）。

　　每個人每天的生活都在面對不一樣的挑戰，同理心意指一個人是否有能力從對方的角度看同一個狀況。疫情期間不同國家面對的不同程度考驗正是一個極佳例子。在跨國企業工作的筆者難免遇上外地同事因疫情而錯過工作 deadline，這時候不能適當展示同理心的同事，難免會在筆者心中留下壞印象。當信任和同理心兩者俱全時，願意下放權力（Empower）的心態通常也會隨之而生。對於很多個人能力極高的人來説，不容易學會下放權力，因此，能否從他人及團隊的集體成功（Collective Success）中獲得更多滿足感，絕對是未來分辨好壞領導者的基本因素。

七種歷久常新的職場軟技能

1.分析和解決問題能力 Problem Solving	◆ 主動探索和瞭解已存在或正在形成的 ◆ 對問題抱有同理心，有解決的動機
2.創新和創造能力 Creativity and Innovation	◆ 能夠想出新概念的能力 ◆ 而可以「把概念落地」的能力更受市場重視
3.溝通和待人接物技能 Communications and People Management	◆ 展示對他人的同理心 ◆ 充分考慮對方的處境，作出人性化回應和決定
4.開放心態和科技接受度 Openness and Technology Adaptability	◆ 對所有新事情保持不抗拒性，勇於嘗試 ◆ 願意接納新科技 ◆ 對「以科技主導的未來」有憧憬和想像
5.國際觀 Global Mindset	◆ 跟跨地域的生意夥伴合作時，關注對方所在地的政策和社會狀況 ◆ 能夠緊貼時事作出適時決定
6.敏捷靈活性 Agility and Flexibility	◆ 可作出靈活的安排，並接受靈活的要求（包括靈活的工作內容、工作環境、工作模式） ◆ 懂得適時自我增值，時刻學習使用最新的生產工具 ◆ 善於掌握最新職場脈搏，靈活以對
7.情緒智商 Emotional Intelligence	◆ 會疏導情緒作出理性判斷 ◆ 懂得以高情商處事，是職涯賣點之一

Chapter 05
自我投資的重要性和方向

說到投資，其中一個十分基本和重要的理念是要把收益最大化。本章會告訴大家，學會在「後學生時代」投資自己，修習新的技能，讓自己隨時都做好準備，這正正是在個人職涯中闖出一片天的不二法則。

學校教育和 線上教育的取捨

　　基於「世界轉變得比想像中快」的論點和分析，日常難免會有家長或學生本人問及，我們還應該選擇以培訓「通才」為目標的傳統教育路線嗎？

　　來到資訊唾手可得的年代，相信無論是熟讀百科全書的老師或深耕十載的教授，在知識廣度的層面上，都無法比擬我們最好的朋友 Google 與 YouTube，因此，「學校的必要性和存在定位」便成為許多人探討的話題。

　　「知識改變命運」是少有全世界共通的價值觀，無論是發達國家抑或發展中國家，通常都會把教育列作重點發展項目。以香港為例，常規學童數量約 100 萬左右，每年資助撥款約 1,100 億港幣，水平大致符合不少國際組織所建議的國內生產總值（GDP）15% 的目標。

　　由於教育對未來發展至關重要，故該行業一向備受監管，從經濟學角度而言，政府監管大大提高了傳統上所謂的產業進入壁壘（Barriers to entry），外來者要打開行業大門絕非輕易。儘管如

此，「拒人於門外」的教育業也逃不過科技普及化帶來的挑戰。

EduTech 難取代實體校

以互聯網為基石的教育科技（EduTech），並非因新冠疫情掀起的趨勢，但疫情確實加速了整個發展進程。有人認為，線上教育能取替學校教育，也有人僅視之為輔助學習的工具。教育科技行業先鋒 Coursera，憑藉坐擁超過 7,000 萬名線上學生的天文數字，在 2021 年初登陸紐約證券交易所上市只是其中一個例子。試問有哪個機構曾經想像過自己能同時照顧 7,000 萬名用戶的學習需要，這除了反映出教育生態的劇變，也令教育更進一步成為基本人權。

作為線上教育的推動者，筆者難免曾在不同場合討論學校教育與線上教育之間的關係，聽過很多認為學校教育會被取締的觀點，特別是基於不少權威級研究報告指出，有八成現任大學生將在 10 年後從事現在尚未出現的產業和工作，微證書（Microcredential）的崛起和廣泛認受性使不少人重新考慮如何投資自己。

作為一個經過學校教育洗禮的過來人，筆者相信，學校教育與線上教育之間不存在競爭關係。如果你是單純希望透過學校教育找到一份相關工作的人，或許可以重新思考兩者關聯性。若給筆者重新選擇一百次，則還是會拼命考上大學，因為從大學生涯所帶走的東西，遠遠超過畢業證書上所寫的會計及財務系主修。

　　老實説，當年會選擇進入香港大學，主要因為幻想過海的港島生活。對於在新界屋村學校長大的筆者來説，戴上港大光環前其實有更多的內心掙扎，害怕自己不能融入的憂慮。結果，港大並沒有把筆者打造成一個筆者自以為會成為的專業人

筆者（左三）認為母校改變了自己的人生，本圖攝於香港大學陸佑堂。

士，卻出乎意料地讓筆者變成了一個更讓自己喜歡的人。

還記得第一天踏入這間百年老牌大學時，蜂擁而來的是大大小小過千個學生組織招攬新血，還有如「大學五件事」、「搏盡無悔」等讓人感覺自豪的格言。眾所周知，港大的上課時間表比較有彈性，更看重的是透過百年承傳的校園生活達到學生全人發展所需。

以筆者本人為例，大學一年級內幾乎不能抽空上課，因為全部時間都用於處理有上千名學生參與的活動規劃，當年 18 歲連個人銀行賬戶都沒有的我們，管理着多達七位數字的運作經費，回想起來仍然覺得充滿挑戰性。放棄的念頭曾無數次浮現於筆者腦海，最終在眼淚中學會堅持，這是人生至今最重要的一課。大概也是這些經歷，塑造了一代代不一樣的港大學生。畢業後時隔多年，雖然筆者記不起任何一位教授的名字，但那些一起通宵奮鬥的同學則成了現在最引以為傲的朋友和家人。這也是為甚麼筆者每次被問及大學經歷時，總會掛着會心微笑把同一堆故事重複演繹一次。

在大學，筆者學到了擁抱失敗的勇氣。假若某天筆者成為了一個所謂的成功人士，絕對會歸功於筆者的大學經歷。如果學校教育未來能夠繼續透過打造一個以人際互動導向為本的學習環境、鼓勵從錯誤中學習的「先犯錯」模式，藉此增加學生的社

會抗壓性，線上教育對這個價值 47 兆美元的高等教育產業，相信是不會造成任何影響的。

日新月異的職場變化，其實對傳統教育的影響相當有限，卻提醒我們要更積極地在「後學生時代」投資自己，學習新技能，讓自己隨時都做好應對準備。

投資的最基本理念之一是「收益最大化」，在這個政經局勢動盪不穩、科技日新月異、每種技能的壽命都縮短的時代下，一直不乏因為對社會未來失去希望而認為沒有必要投資自己的人。筆者作為一個樂觀主義者，則選擇保持希望，甚至加大力度地裝備自己，冀提高個人的議價能力（Negotiation Power），待時機來臨時大展身手。請記着，別人往往都是在等待你的退步以彰顯其進步。

筆者個人對於投資自己的見解，跟另一個經濟學所提倡的理論可謂不謀而合，那就是投資多元化。當每一個自我裝備的方向都未必有確定的回報時，成為面面俱到的人將會是我們應該積極考慮的方向。近年大行其道的微證書正好可以協助我們在終身學習的旅程上實現投資多元化，下文會進一步剖析。

如何持續掌握
職場訊息和資源？

　　職場資訊變化萬千，想要持續有效地累積相關訊息看似不可能，但在線上平台發達的今天，其實這再非難事。

　　接觸資訊的過程基本上可以分為主動和被動兩種。主動出擊當然是一個好習慣，卻相對耗時，得到的內容相關性也可能較有局限性。接受被動性資訊則需要較多額外技巧，以免收集到的清一色是不相干的廣告營銷資訊。

　　基於人才對環球經濟發展的重要性，人力資源顧問（HR Consulting）這個行業愈來愈興旺。LinkedIn 固然是一個世界性的代表，除了會定期與諸如世界經濟論壇般的國際組織共同發佈地區性就業數據和分析之外，也建構了一系列像 opportunity.linkedin.com 般的附屬網站，把自身擁有的資訊和學習資源分享予公眾。

#01 網上就業資訊平台 ✏️📱

　　作為全球最大的勞動市場資料庫，LinkedIn 對於跟世界性組織和地區政府共同建設一站式資訊平台方面亦義不容辭，跟世界銀行（World Bank）共同經營的 worldbank.linkedin.com，以及跟港府人力資源署合作的 talent.gov.hk 是其中兩個例子。

　　平心而論，LinkedIn 的數據和分析，對個人使用者來說會相對較「離地」和不必要性地全面。由此，筆者十分推薦大家定期參考一系列由本港招聘平台和大型獵頭公司發表的報告，譬如香港的 JobsDB 和台灣的 104.com，這些資訊基本上都毋須特別付費即可閱覽。

　　傳統招聘平台往往只容許僱主單方面向求職者傳遞信息，發佈職場資訊的做法相對較缺乏透明度。LinkedIn 以社交媒體形式存在，大大改變了以往的生態。每一個用戶現在都可以通過平台獲得諸如某公司現有僱員統計數據和員工名單列表等過去難以得悉的企業內部資訊。

　　如果用戶付費升級成 Premium 會員，更可以接觸到一系列站在公司層面、以人力資源角度出發的 Business Insights，包括過去兩年的招聘需求增幅、近期的 Key Hiring 資訊、各部門的員工人數分配，以至現有空缺的分佈等。這些資訊除了

可以讓你對於該公司的招募積極度有基本認知之外，也可以幫助你更好、更全面地準備應聘面試。同時，Premium 用戶也可以在職位空缺層面獲得 Job Insights，在每份空缺廣告下會出現一個比較圖表，就技能、過去的工作經驗和教育背景等因素評估求職者跟該空缺的合適程度，以及在其他應聘者之間的競爭力高低。

廣告行業之所以能成為全球最強盛的產業之一，實在有賴廣大使用者不抗拒接收被動資訊。不知道你有沒有統計過，自己平日的資訊來源，甚或是作出決定的基礎，有多大比例是來自廣告渠道的被動資訊呢？儘管被動資訊沒有得到我們同意便入侵了日常生活，但我們仍然可以透過自身網絡行為作出一定篩選。

以筆者較熟悉的 LinkedIn 職位空缺廣告為例，平台為了提高廣告跟求職者之間的相關性（relevancy），一般來說只會把廣告推送予符合空缺要求的使用者。簡單來說，如果你是一個應屆畢業生，總裁級的空缺資訊理應不會「被進入」你的視野；如果正在銀行業工作，大部分在你版面出現的空缺內容應該也會是同一行業的。這種經過配對的資訊，在筆者看來不但不打擾，更可以幫助筆者持續掌握職場變化。當然，如果你希望提高被動資訊的相關性，就必須在個人檔案完整度方面多下功夫，好讓廣告投放的演算法（Algorithm）找到你。

#02 朋友圈 ✏️ ▯

被動資訊的來源除了廣告外，還有你的朋友圈子。與其說「你的樣子如何，你的日子也必如何」，不如說「你的朋友圈子如何，你對世界的瞭解也必如何」，樣子主要是先天的，朋友圈則是我們自己控制。

再以 LinkedIn 為例，平台上朋友圈子對求職的重要性，可以反映在根據每個月逾兩億個工作申請結果的數據上，原來有超過 50% 的成功求職者，在加入某公司前就已經最少認識一個正在該家公司工作的人。

這並不難理解，當你的人脈裏有某公司的僱員，你很大機會比別人更早接收到關於該公司的空缺資訊，贏在起跑線上。如果這個朋友願意成為你在求職時的 Referral，成功獲聘的機會更比其他人高出四倍（400%）！

這裏用到「朋友」這個字眼，並不代表你們一定在現實世界相熟。網絡世界的用戶透明度令我們可以更容易接觸到陌生人。無論是以前的同學，或以後的同事，只要願意踏出 Invite to connect 的一步，貴人隨時就在身邊。當然，你可以很針對性地嘗試跟更多某一公司或某一行業的人成為朋友，而這或許會帶來像筆者一樣的成功轉行、加入夢寐以

求公司的機遇。

可是，如果你還在找一個切入點，不妨由校友（Alumni）網絡開始着手，畢竟大家的背景有共通性。很多人都擔心這種做法會引起尷尬，筆者個人則寧可抱着 Nothing to lose 的心態來經營，更何況每個願意在社交媒體建立檔案的用戶，本就有相當程度的交友動機，而如何迎合這個動機就視乎你説故事的技巧了。

管理在互聯網上的
第一印象

猶記得第一印象（First Impression）是筆者在大學年代迎新活動中最喜歡的一個環節，通常發生在迎新活動的尾聲。

遊戲方法十分簡單，主持人會拋出一連串的問題，讓參加者投出自己心目中的新朋友。問題通常比較無厘頭，譬如「你會願意和誰流落荒島」、「你覺得誰會因為桃色緋聞登上報紙」等。參加者在選出心目中的人選後，通常都不會被要求多加解釋，這也是第一印象有趣的地方，被選者也無法考究自己因甚麼行徑而在別人心中留下相關印象。

人類是以感觀先行的動物，大部分人都很容易在與一個人短暫相處後作出總結，包括要不要與這個人成為朋友、嘗試發展一段關係，甚或是成為其上司／下屬／同事；反過來說，你給別人的第一印象，基本上決定了你將會得到的資源和走上的路途，這也是為甚麼頂級商學院課程中總有相關的課堂。

很多以如何建立良好第一印象為題的內容，仍

然把衣着儀態等列為第一次面對面接觸時須注意的重點。但在全球最大求職平台工作的日子,經常提醒着筆者,在互聯網時代,每個人多多少少總會留下一些線上足跡,我們對某個人或某件事的第一印象,很多時候早在第一次真正面對面接觸之前已經存在了,所以第一次接觸往往只是讓對方確認內心早已下的定論。

找工作的過程亦如是,當作為求職者的你在準備面試過程中,嘗試從 Google 找出關於未來老闆的蛛絲馬跡,冀可投其所好時,對方其實亦在進行相同動作,務求知己知彼。正因如此,筆者經常強調,找工作絕對不是一個「明天想找、今天才開始投件」的 last mile delivery,而是一個需要日常長遠準備的 supply chain management。如果你希望瞭解跟自己有關的供應鏈健不健康,大可馬上 Google 一下個人名字、郵箱等,看看出現的資訊是否理想。

萬一搜索到的個人資訊連你本人都不能被打動,例如是停留在吃喝玩樂層面的第一印象,這又可以如何改善現狀呢?大部分像 Google 般的瀏覽器在展示 search result 時,基本上都是根據相關資

料來源在一段時間點內的活躍程度和受歡迎（點擊率）程度作出排序。不少企業的產品營銷部門日以繼夜、夜以繼日地工作，力求讓自家產品進入 Google search result 的頁首，並視之為衡量工作成效的標準，其實個人品牌建立的道理也是不謀而合，只是很多人忽略了其重要性。

在社交媒體工作的日子讓筆者瞭解和親身體驗到，對一個毫無知名度、不曾獲報刊採訪、沒有專屬維基專頁的普通打工仔來說，最影響個人互聯網第一印象的便是林林總總藉用戶活躍度來牟利的社交媒體。這或許不是我們可以輕易改變的現況，但在筆者看來，唯一可以做的便是積極融入，選擇和投資時間於有助自身品牌建立的社交渠道，其中對筆者個人帶來最大影響的，就是國際職場社交平台 LinkedIn。

LinkedIn 是一個在筆者大學時代已經存在的平台，但真正感受到其威力，是在大學畢業後對職場十分迷失的那幾年。

最初接觸這平台的動機是因為筆者大學畢業後的第一份職業，需要進行很多人物搜尋工作（有點像獵頭 Headhunter，但又不完全是），開始時也只是以一個生產力工具（Productivity Tool）的角度在使用 LinkedIn，然而一段日子下來，慢慢感受到自己因長時間逗留在這種資料豐富的平台，潛移默化地對職場世界增加不少瞭解，也逐漸認知到各行

各業的發展機會（關於如何最有效地從線上平台累積職場資訊，筆者會在下文再作詳細講解）。除了對自身知識層面的貢獻外，這種高透明度的平台也提供了一個渠道，讓任何人可改寫自身網絡形象，筆者也是其中一個受益者。

總結本人迄今的 LinkedIn 經營之道，筆者相信，要建立可以突圍而出的個人檔案（Profile），往往有四大要素。

#01 讓用戶檔案更完整

第一點也是最重要的一點，便是用戶檔案的完整度（Represent）。如上所述，每個社交媒體的終極目標都是提高使用者的活躍度，所以平台背後的演算法都是以「對使用者的瞭解」作為出發點。

如果一個用戶的檔案缺乏資料，演算法便自然不可能把最適切的訊息呈現給這個用戶。站在演算法的角度看，一個完整的用戶檔案包括以下各項：用戶所在地、所屬行業、工作經歷、教育背景、掌握技能列表，以及當義工的經歷。

咦，為何義工經歷會在眾多項目中佔一席位？事實上，今天有很多公司在尋找合適的員工時，除

了希望員工可以有公司所需要的技能之外，也希望
能找到在文化和價值觀方面都跟公司更接近的人，
所以不少公司都會透過一個人在工作以外的行徑，
嘗試進行這角度的判斷，亦促使了義工經歷此一欄
目日益普及。

此外，在硬綁綁的文字之中，一張個人照片也
是不可或缺的，這並不只是為了展示長相，更多
的是讓別人覺得你是一個真實存在的人，而非假
檔案。

#02 拓展平台上的人脈

第二個要點便是使用者在平台上的人脈
（Network），用戶通過管理在平台上的人脈和社交
圈子，除了可以讓演算法掌握更多資訊外，平台也
可以在背後為你促成更多的人脈媒合。

參考 LinkedIn 創辦人 Reid Hoffman 的著作《自
創思維》（ The Startup of You ），假設一個用戶在
平台上有 170 個人脈，平台平均就會讓該用戶接
觸到總人數超過 220 萬的用戶群。每個人在社交
媒體上接收到的一切資訊基本上都不是偶然，而是
演算法在背後默默的幫助使用者，讓他們更準確地
看見和被看見。

#03 提高互動率 ✏️ 📝

在人脈建立之上的第三和第四點分別是互動率（Engage）和文章發表的頻率（Publish）。互動率的意思就是我們經常會聽到的讚好留言分享（Like, Comment, Share）。互動率對於一個社群媒體的成功至關重要，所以平台都很喜歡為高互動率的用戶提升其個人檔案能見度，也可以視為間接給予用戶鼓勵。

#04 提升發帖率 ✏️ 📝

發表文章和提供內容也是不可或缺的一步，這除了能為用戶提高個人能見度之外，更重要的是可以讓自己的聲音被聽見。個人檔案反映的大部分都是已經發生了的事情，反之，新發表文章很多時候更能呈現用戶對於一些正在發生，或者未來會發生的事物有何意見和想法。在筆者的角度看，過去的成功不代表未來的成功，若對未來有獨特想法，更能反映一個人以後會走的路。

當你把以上四點都做好之後，筆者建議你可以再次嘗試 Google 一下自己的個人資料。如果你看到的搜尋結果跟之前不一樣，那就代表你在網絡世界幫自己留下了一些新的足印，亦即是新的第一印象。

當然，這個改變不是一天半天就會馬上出現效果的，背後需要一段時間的投資與努力，但筆者可以保證，這絕對會是一個可帶來出乎意料成效的投資，也將會是你踏進或改變職場人生的一個重要起點。

建立出眾個人檔案的四大要素

1.讓用戶檔案更完整	◆ 如果用戶檔案缺乏資料，平台便難以向用戶呈現最適切的訊息 ◆ 完整的用戶檔案須包括：用戶所在地、所屬行業、工作經歷、教育背景、掌握技能列表及當義工經歷 ◆ 義工經歷有助彰顯個人的文化和價值觀 ◆ 個人照片亦是不可或缺的
2.拓展平台上的人脈	◆ 通過管理在平台上的人脈和社交圈子，有助促成更多的人脈媒合 ◆ 假設用戶在平台上有170個人脈，平台平均可讓該用戶接觸到總人數逾220萬的用戶群
3.提高互動率	◆ 提高互動率就是經常讚好、留言、分享 ◆ 平台會為高互動率的用戶提升其個人檔案能見度
4.提升發帖率	◆ 能夠提高用戶的能見度 ◆ 讓用戶的聲音被聽見，並呈現個人最新的意見和想法

從主動求職
達至被求職

　　過去幾年因為世界供應鏈出現問題的關係，我們感受過不少的「難求」——Apple 一機難求、Hermès 一袋難求，甚至是廁紙也一卷難求。

　　當然，部分的難求是供應商從生產層面作出限制的「飢餓行銷」市場策略，但無可否認，現實情況是像你我般消費者都願意出錢出力，為了某樣心頭好而爭崩頭。同樣的情況也出現在勞動市場，要成為職場上的日本香印提子，除了及時洞悉第一章提到的新興工種趨勢外，更關鍵的其實是成功建立起自己的「思維領袖」（Thought Leadership）[2] 形象，讓相關業界和老闆在考慮某個招聘需求時第一時間想起你。

　　能否説出好故事，對一個品牌和經濟體系能否成功建立形象，往往起着關鍵作用，因此市場營銷和外交部是不少公司和國家中擁有較多資源的部門。舉例説，手機壞了會先想起 Apple，需要添置家具時會先到 Ikea，渴求咖啡因時會走進

---

[2] 思維領袖，字眼含意跟 KOL（意見領袖）相近，即是在某個範疇上表現較突出、活躍，發布很多言論的領導型人物。

Starbucks，這些都是在個別產品領域取得成功的思維領袖，同樣道理亦可應用在人才身上。最明顯的一些例子包括我們談電商（E-commerce）時會聯想到 Jeff Bezos 和馬雲，談論社交媒體時不得不提 Mark Zuckerberg 和馬化騰，而在電動車和虛擬貨幣範疇則離不開 Elon Musk。公司與產品的成功當然跟上述人物的思維領袖地位有莫大關係，但筆者認為這些都不是必然的，也沒有一個先後順序。

無論是在工作或個人層面，筆者遇到問題或有需要找幫手時，身邊都有一些既定的 go-to-person，情況可能是遊戲過不了關，可能是感情狀況，也可能是工作上需要的承辦商（Vendor），這些判斷在一定程度上都源於對方所建立的自身形象。

「做人要謙虛」與「主動積極分享自己的優點」，兩種行為之間絕不存在相互排斥（Non mutually exclusive）的關係。希望在專業人士世界擁有一定知名度，達到「機會自動送上門」，那麼你在與他人互動和發表個人意見時，便必須留意頻率（Frequency）和一致性（Consistency）兩項特質。

筆者經常提醒自己，在看到有質素的內容時千萬不要吝嗇給一個讚或留言，除了因為內容創建（Content Creation）是一個不容易的工作外，更多的是每個人，無論處於哪個職涯階段，創建內容的目的必然是得到別人認同，這時你的一個簡單

互動可能是一段新關係的起點。筆者也看過很多擅長在面試時把故事說得很滿的求職者，而筆者通常都會在面試前後通過對方經營的社交媒體 double confirm 故事的真確性，畢竟見面時間短暫，可以總結出的資訊十分有限。建立思維領袖形象的大敵是太過貪多務得，嘗試在不同領域都留下痕跡，其實一致性十分重要，也使過程變得相對簡單和有成效。

筆者時常記着一句話，「說故事重質也重量」，即是不要失去重覆說同一個故事的耐性，因為對方可能從來沒有聽過。你在努力求職之際，僱主也在用力招才，雙方之間並沒有誰高誰低，也不存在誰請求誰，關鍵只在於哪一方的現狀有更大話語權和主導性。

學習成為
一個充滿好奇心的人

「You have to collect the dots, in order to connect the dots」，近幾年社會對於廣義下東方與西方的教育模式有熱烈討論，而筆者身邊多數人都偏好西方模式，主要理據離不開該做法長遠可以釋放好奇心。偏偏在筆者成長的環境中，訂立指標（Metrics）是常見的管理辦法，因為那同時也最簡單和透明的方式。

作為東方教育制度下的產物，筆者並不感到自豪，同時也覺得教育是有急切求進步的需要，畢竟大部分奉行東方教育模式的地方，包括香港，都有一定的殖民地時代色彩。筆者偏向認為，殖民地年代所發展的教育模式是希望產出擅長執行任務的人，所以香港也一直以高效率、善於實踐為傲。但時移勢易，在很多東西已經成功自動化或往自動化方向發展的時候，社會更需要的是有獨立思考能力、會對現狀提出反問和解決辦法的人。

西方教育給筆者留下深刻印象，離不開當年到美國麻省作交流生時，當地學生對於發問非常雀躍，好像上課就是為了發問。即使當中有不少問題，對於擅長從課本中尋找答案的筆者來說覺得沒

有討論價值，但背後反映出當地學生對知識和新事物充滿好奇心。如果人類失去了好奇心，相信我們現時所擁有的大部分東西都不會存在。

筆者不是一個教育工作者，主要的體會均源於自身經歷。

東方學習模式側重回答

離開了目標為本的學習模式後，筆者有一段時間出現了學習困難，意指在沒有白紙黑字考核的情況下，不知道要學甚麼和對於意外地吸收到的知識感到不知所措。坦白說，至今還沒找到一個所謂的解決辦法，只是強迫自己適應了那種知識無窮無盡的事實，盡量透過不同渠道分享自己接觸到的新內容，希望能啟發到其他有緣人、進一步發揚光大和引起更廣泛討論。

以 10 分為基準，筆者曾經歷以考試為本的（大學前）教育，把筆者對世界的好奇心限制在大約 2 至 3 分的水平，身邊的人好像都不太喜歡提問或者被問。在成長過程中，筆者從不覺得有好奇心會受人欣賞，反而能把事情盡快做好就會收穫讚

筆者對於自小接受的家庭教育，可以包容無限的好奇心，十分感恩。

賞。香港式的菁英教育制度下，要得到大學入場券就必須成功在公開考試中力拚成為前 20%，所以基本上我們的學習生涯都只是在回答問題，並沒有精力提出問題。

　　筆者對世界的好奇心，貌似在經歷了所有公開考試後才萌芽，成功離開了香港的考試制度後，人生裏有好幾個階段讓筆者覺得世界還有很多未知，而這些未知很有趣。除了前文反覆提到始於 2012年的大學教育外，還有在 2014 年到 2020 年間香港和國際所發生的社會事件，以及在 2018 年開始任職於夢寐以求的科技公司。如果筆者要為這些事件找到一個連結，那大概是在這些旅程中遇到了各不相像卻一樣能讓筆者反思人生的新朋友和成長夥伴。

作為大學教育的得益者，筆者多次提及，大學教育是如何改變了自己的人生，必須在此重申，當筆者從一個 30 人的高中課室走進一個大 1,000 倍的校園，在校園中遇到膚色、年紀、背景和國籍都不一樣的追夢者，那種讓筆者覺得自己世界很小的感覺，從大一那年開始便不斷鼓勵筆者要努力探索。筆者自小成長的家庭沒有出國旅行的習慣，是大學為筆者締造出國機會，包括留學和國外實習，這些經歷毫無疑問地讓筆者對未知世界生出不斷增大的好奇心。

　　筆者不確定自己的心態是否異於常人，當對單一話題瞭解愈多，筆者就會變得愈好奇。這可能是因為在剛開始砌一幅拼圖時，筆者對拼圖的全貌根本沒有任何想像空間。在過去數年本地局勢和國際關係衝突升溫前，筆者對於公共政策、民主、民粹等一系列社會學話題都覺得很有距離感，基本上提不起興趣。隨着社會環境劇變，筆者很想一探背後的原因，還有不同持份者的看法和行動，那幾年間看了很多關於身份認知的書籍，也意外收穫了對往後人生更清楚的視角。

　　筆者是個文科出身的孩子，小時候會選擇文科主要是因為自己比較擅長背誦，對於傳統認知上較要求邏輯思維的理科欠缺信心，可惜的是在學習當中並沒有悟出甚麼大道理。直到這幾年，在觀察社會的動態中，貌似重新看到了很多小時候在歷史書上所學過的現象。如果筆者能早一點發現到當中的前因後果，可能當年的學習會變得更有趣味，如果

事情發生在選擇大學主修科前，筆者可能會成為一個社會政治學畢業生。幸好以後還有很多學習機會，筆者間中也會幻想在某天重回校園，深入研究那些筆者以前不感興趣的話題，讓拼圖變得更完整。

大學畢業後的前兩份工作都維持了不夠一年，老實說，筆者在那兩年是一個典型的職場迷失者，患上了隨波逐流的社會失溫症，每天都在懷疑自己能力不足、沒有別人堅強、毅力不夠。當事業走上了自己眼中的正軌後，在不同場合被問及有沒有覺得當初浪費了寶貴的兩年，其實那兩年的迷失對筆者人生有着無比重要的意義。迷失過後，學會了珍惜，提醒了筆者要尋找適合自己的步伐，瞭解甚麼適合自己很重要，但瞭解甚麼不適合自己也同樣重要。那兩份在大眾眼裏不錯的工作，都沒有讓筆者對生活感到起勁和興奮，而筆者如今還是很慶幸能及時抽身、離開，去尋找一個更適合自己的環境。

當年的轉折點也離不開一次以好奇心為由的相遇。當年筆者因為工作原因，經常要使用 LinkedIn 這個專業人士社交媒體，長期使用下來，對該平台的經營開始感到十分有趣，促使筆者在 2018 年的聖誕節以「All I want for this Christmas is a tour at your company」為由，寫了一封簡單電郵給筆者後來加入 LinkedIn 時的老闆。當然參觀背後，精打細算的筆者也希望有針對性地給對方留下一個好印象。

因好奇主動出擊 遇上伯樂

這位未來老闆是一個在英國長大的香港人，典型的 ABC，對於願於主動出擊的人有一份好感，所以筆者可謂贏在起跑線上。在參觀過程中，筆者也明確提及自己雖然沒有科企工作背景，但日後很希望有機會成為團隊的一分子。機會有時真的來得比想像還快，在參觀的數星期後，筆者便再次獲邀到對方辦公室接受一些簡單面試，The Rest is the History，而之後從同事口中瞭解到，原來正常招聘程序一般需花數個月和歷經五至六輪的對談，此刻筆者再一次感謝自己當初的好奇心。

筆者很慶幸在之後的過程中遇到伯樂，誤打誤撞加入了筆者夢寐以求的科技公司。這是筆者在踏足社會後第一次對生活感到如此雀躍，每天都巴不得早點起床奮鬥，而這個感覺一直維持到今天。因為工作的關係讓筆者對世界的瞭解增加了不少，開始砌起另一幅關於教育和就業政策的新拼圖。

這個聖誕願望成真的故事亦成為了筆者往後人生最經常引述的一節，除了希望提醒自己時常追求好奇心之外，更多的是隨時做好準備和學懂保持一個開放的心態。

關於開放的心態，雖然筆者現在加入了夢寐以求的公司，但工作性質則是筆者向來比較排斥的銷售（Sales）部門。在筆者的教育和成長環境中，基

本上對銷售人員的刻板印象都是偏向負面，感覺電視廣告經常告誡我們不要被騙，銷售人員在商學院的課本中也不被定義為專業人士。

其實銷售部門的本質是為公司爭取營利增長，同時也擔當每間公司跟外界溝通的橋樑。一個成功的銷售人員需要掌握的技能比想像中更多，銷售技巧的日常應用也十分廣泛。讓筆者以一些社會地位較高的職業為例，大律師的目標是代表委託人説服法官，醫生的責任是告訴病人詳盡的醫學資訊和判斷，對不少當代的立法者而言，他們的工作是成功贏得市民支持，這些其實都是不同的「銷售」例子。

學會以「問題解決者」這個角度定位銷售人員一職的筆者，開始變得更有自信地説故事，也能從聆聽中學會銷售，至於想像中低聲下氣有求於人的畫面則暫時還沒出現。

好奇心的改變可謂見證了筆者的成長。於筆者而言，當好奇心來襲時，急切渴求解答的心態是停也停不下來。滿足好奇心就像是每天需要吃早午晚三餐一樣。雖説如此，筆者也曾經歷過因過度好奇心而破壞內心平靜的日子。如果要筆者總結，離開高中課室後的這幾年，筆者的好奇心通常保持在 7 到 8 分左右。筆者不確定以後的日子會上升或下降，但這應該已沒甚麼關係吧。

一如前文所言，筆者覺得讓自己對世界變得更

好奇的一個公因數，是在生活過程中遇到了新朋友，以及有新人踏進筆者的生活旅程。長大後的社交圈子無可避免地會自然收窄，所以筆者一直提醒自己，要對每一個新知舊友皆抱着感恩之心，因為他們定義了今天的我，還有以後的我。

　　請緊記時常保持好奇，如果日後有人問你「Who do you want to be?」希望你都能自信地回答「I want to be myself」。

隨着筆者在生活中遇到更多人與事，亦對世界變得更加好奇。

結語

學習保持個人節奏
是一輩子的事

「It's ok to not be ok」，你這刻的人生可能在面對很多不如理想的掙扎，但他日回望，很多事情其實可能都不太重要，又或者事出有因。社會給予我們的框框太多，還望大家在消化的過程中不忘學習保持自身節奏，共勉之。

圓圈理論
學會泰然處事

筆者算是一個典型的控制狂，對於不受控制的事情，從小到大都難以處之泰然，久而久之，那些不受控制的事情自自然然會累積成為壓力的來源。

世界快速改變，也難免成為了自我節奏的打擾者。

對控制的慾望，相信不是筆者獨有的個性，畢竟我們都成長於一個會因為擁有控制力（Sense of Control）而獲得優越感（Sense of Prestige）的世代。

回想入世未深之時，筆者曾經相信可以透過努力獲得控制力，但原來是「少年，你太年輕了」。初入職場時還沒有遇到很多問題，因為負責的工作範圍通常較窄，需要應付的突發情況也較少。反而是晉身為中層管理人員後，經歷了不少「夾心階層」煩惱。記得有一次提前半年安排了一個在香港舉辦的大型會議，包括公司內外最高級的行政人員都會來港參加。因為會議重要且兼具代表性，公司上下都特別期待和興奮。可是會議主辦方在與會的前兩天臨時要求延遲會議，雖然理由十分充

足，但夾在雙方中間的筆者實是驚惶失措。話說回來，慶幸筆者有一個對此處之泰然的上司，而這時上司也教會了筆者一個重要的圓圈理論（Circle of Influence）。

圓圈理論（Circle of Influence）

關切但不受自己控制的事
（circle of concern）

自己可影響的事
（circle of influence）

能力範圍內可決定的事
（circle of control）

對於事情的分類，上司有一個三層（three layer）圓圈。圓圈的最內層是自己能力範圍內可作決定的事情（circle of control），圓圈中間是自己可以影響的事情（circle of influence），而圓圈最外層是關切但不受自己控制的事情（circle of concern）。上司認為，這些意外跟明天到底會是晴天或雨天一樣，並非筆者可以控制的範疇，只要把各方訊息傳遞和溝通部分做圓滿便可以了。圓圈理論的道理雖簡單，但確實成為筆者日後判斷事情的邏輯，並成功化解了不少不必要的壓力來源。

常言道「Age is just a number」，在筆者看來，年齡確實只是一個數字，不成為判斷任何一個人的基礎。可以逐漸學會掌控自己的節奏，也許才是反映一個人成長進度的鏡子。筆者也曾經因為在離開校園後的那幾年，身邊朋友圈子驟降而感到徬徨，慨嘆那一去不返的群體生活，懷念那每天都會認識到新朋友的日子。

徬徨之際，身邊曾經歷過這個人生過程的老朋友提醒筆者，這是個學會更進一步掌控自己節奏的契機。筆者相信大部人在成長過程中，多多少少會被身邊人「考幾多分」、「你賺幾多」、「買咗樓未」等一連串問題打亂自身節奏。朋友圈子對這幾年的筆者而言好比一個倒三角漏斗，慢慢地把對筆者人生只有表面好奇心的人過濾走，剩下來的是會關心「你最近還好嗎」的身影，記得好好珍惜每一個在你離開校園後還與你攜手前行、尊重和包容你節奏的人。

關於優越感，大部分的定義都是來自社會的觀感。優越感主要來自比較，而追求優越感的過程確實為筆者的人生帶來很多動力和目標，譬如考進一間一流大學、被一家跨國公司取錄。正所謂「Comparison is the thief of Joy」，比較是一柄雙面刃，有些時候也會成為失望的原因。

懦弱是你最大的優勢 ✏

習慣性地追求優越感，為筆者過往的人生帶來了不少迷思和煩惱。作為一個成長於典型父權社會的男生，筆者自幼便很少百分百地表現自己的情緒，因為大家都說「男人流血不流淚」、「男兒當自強」，眼淚被視為懦弱的產物，會使男生失去保持堅強所帶來的優越感，久而久之，不流淚、不表達自己某部分的負面情緒、不尋求協助（Help-seekig）成為了筆者的習慣。

這個價值觀第一次受到衝擊是大學最好的朋友在一個偶然場合下，突然對筆者說了一句「我覺得你沒有交心」，當時筆者感到很迷惘，自覺已把心窗毫無保留地打開了。後來在別人幫助下的自我對話（Self-dialogue）中才發現，筆者是欺騙了自己，在潛意識下的自己已經習慣性地把情緒先作過濾，把所謂懦弱的部分先過濾掉，以免自曝其短，當然也害怕被取笑。

近幾年在男女平等的大原則下，身邊的朋友開始討論「Vulnerability is the greatest strength」，中文直譯大概意指「懦弱是你最大的優勢」。不少人也提出，勇敢承認和面對自己懦弱的部分才是堅強的表現。而願意呈現和表達自己懦弱一面、主動尋求協助，更能為友情、愛情、親情升溫，甚或是為事業發展帶來幫助。當中主要的依據來自人類屬於群體動物，在一個群體中能夠互相幫助是鞏固關係的重要一環，如果一個人長期強迫自己以「完美」的姿態出現，會令身邊人很難瞭解自己存在的價值，也沒有機會在解難的過程中增加互信基礎。

在事業角度而言，學會適當拿捏如何放下身段，亦是為了獲得認同感踏出的一大步，畢竟喜歡高高在上的人不多。筆者舉腳認同這個說法，但目前還處於重新定義優越感，練習去關掉「那個用了二十多個年頭並否認其存在的掩飾懦弱機制」之過程中，暫時的感受有如瘦身成功一樣，很輕鬆自在、很愉悅。

「It's ok to not be ok」，你這刻的人生可能在面對很多不如理想的掙扎，但他日回望，很多事情其實或許都不太重要，又或者事出有因。社會給予我們的框框太多，還望大家在消化的過程中不忘學習保持自身節奏，共勉之。

保持個人節奏的方法

1.圓圈理論 （Circle of Influence）	◆ 理解事情有三類：自己能力範圍內可作決定的事情、自己可以影響的事情，以及關切但不受自己控制的事情。 ◆ 對第三類不受自己控制的事可泰然處之，毋須過保憂心，有助減少不必要的壓力
2.懦弱是最大的優勢	◆ 勇敢承認和面對自己的懦弱，才是堅強的表現 ◆ 適當放下身段，主動尋求協助，更能為友情、愛情、親情升溫，甚或有助事業發展 ◆ 願接受夥伴幫助解難，過程中可增加互信基礎

後記

感謝那個任性的台灣打工換宿決定

　　早陣子閱讀時被一句「On your journey through life—make sure your biography has at least one extraordinary chapter」打動，花了一整天在網絡上回憶自己的過去、尋找那個可以引以為傲的章節。幸運的是，人生確實有這麼一個令人會心微笑的經歷。

　　那年筆者 22 歲，大學畢業剛好一年，那個春夏秋冬在記憶中已十分模糊，大概是選擇性地忘記了大部分事情。尚算清楚記得的是當年帶着在大學要風得風、要雨得雨的勝利者心態初入職場，雄心壯志打算在新的戰場一展拳腳，得到的卻是現實總是與想像中有那麼一點落差。「任性」這個詞與筆者扯不上關係，但當年確實因為太不喜歡自己選擇了的工作，在沒有任何後備計劃的情況下貿然離職，拿起背包便跑到寶島。

　　由於鍾愛大海，所以短暫停留的不是台北、高

雄這些大城市，而是花蓮這個面向太平洋的小縣。現在回想起來，十分感謝當年身體因為不適應長時間被不感意義的工作吞沒，所浮現的一連串呼吸困難和失眠問題。筆者當年也是做了無數次的身體檢查，用排除法把心肝脾肺腎出問題的機會都撇除後，花了好一段時間才承認自己面對的是情緒壓力所致的身體反應。

旅程發生在 2016 年，那時候尚未被收購的香港快運航空還經營着香港來回花蓮的直航機，印象中航程需時比去台北還要短。因為深知這次離開是為了逃避，當天踏上飛機時內心其實毫不興奮，落地後更有一剎那想過立刻回家。筆者選擇了以打工換宿形式在一間名為小羊房（Cozy House）的民宿待一個月。

花蓮是一個沒有太多大型建築的海邊城市，聽說也是台灣最多原住民的地方，連帶把很多自然風光良好地保存下來。小時候筆者出境遊玩機會不多，所以每到一個新地方都會把行程排得密密麻麻，務求不錯過任何一個景點。花蓮之旅起初也有同樣打算，畢竟太魯閣、清水斷崖、慕谷慕魚、七星潭這些都是有名的壯麗山河，景點也全部去了，

但更深深體會到台灣最美麗的風景是人。

筆者以小幫手形式旅居的民宿，還有一位管家和兩個同樣出生於 1994 年的小幫手。女管家名叫游舒涴，是人生目前遇到過性情最真實的一個人。清楚記得第一天相遇時，時間和空間都已經被笑聲填滿。或許是希望把握游舒涴的那份真摯，認識不久後便盡情打開了自己的心窗，享受她的簡單，更喜歡她的不簡單，感覺和她相處的時間都快得不留痕跡。

那個比較瘦的小幫手叫李昆鴻，是一個相對慢熱，但熱了便降不下溫的小伙子，也是一個典型不會拒絕的人，印象中任何的忙都在幫。我們一切的興趣喜好都十分接近，除了拍照之外，還是拍照。與李昆鴻的友情之深更延伸到與他家中數十個親戚一起過年，還有往後每次出門旅行時都會寫明信片給他和藹的母親。另一個比較壯的小幫手是紀維恩，一個演活了天真爛漫的大男孩，因為相遇在回憶中最無憂無慮的夏天，交心也來得特別容易，自花蓮之後，與紀維恩好像便沒有錯過對方的每一個生活細節，開心的、失落的或是秘密的，投放着一份比友誼更高尚的情感。

離開花蓮後，筆者繼續以台灣作為第二個家，那一兩年回去了不下 10 次。直到大家相繼踏上各自的旅程，舒涴去了法國找男友，昆鴻去了澳洲打工換宿，維恩去了泰國讀書，大家相聚的節奏才略

Wing Kwan Ivan Wong
Content Creator | PPP @ LinkedIn | Startup Advisor & Venture Fellow

Travel
Career Break
Sep 2016 - Oct 2016 · 2 mos
Hualien City, Taiwan

Best decision ever. Recharged and Refreshed.
On your journey through life—make sure your biography has at least one extraordinary chapter.

每份工作之間的 Career Break，已經成為一種主流的職涯紀錄。

被打擾，見面的地方也不再局限於台灣。這裏特別
提到這些名字，不單是因為他們把筆者從泥足深陷
的生活狀態拉了出來，也讓筆者深深感受到，沒有
大城市物質圍繞下、原本就應該是很簡單快樂的生
活。魯迅先生有言，「人生得一知己足矣」，筆者在
沒有預期的情況下得到了三個，也難怪這會成就筆
者那些年的「工作」經歷中，最引以為傲的章節。

　　在旅途中相遇的每個人固然都是筆者所珍惜
的，但更深刻的體會是他們活在當下，日出而作、
日入而息的那種生活態度。成長於無比繁忙的香
港，筆者自小不敢浪費每一分鐘，共同成長的是一
把把刻有「成就解鎖」的尺。在花蓮的那些日子，
初嘗出門不需要帶上 Google Maps，因為走錯路也
沒有人在意，很少人依賴 Apple Weather，因為當
地人在沒有高樓大廈阻擋下，都可以憑肉眼判斷天
氣狀況。那段時間每個早上都特別期望晴天，因為
天晴的日子總可以三五成群到附近的溪澗暢泳。

筆者 22 歲那年到台灣花蓮打工換宿，期間認識了三位知己
（圖左起：紀維恩、游舒涴、筆者、李昆鴻）。

小幫手這個身份的其中一個責任是與民宿客人聊天，對比起其他如清潔、備飯等工作內容，談話算是筆者的長處。每個晚上都有聊不完的大江南北，好幾次還直接聊到去太平洋邊看日出。筆者尚算熱愛運動，但一向對群體運動略帶抗拒，主要是排斥那種得失勝負的壓力，某個晚上的 10 人沙灘排球卻完全顛覆了筆者心中運動樂趣的標準，明白到書本上提及的運動外交（Sports Diplomacy）。

　　在體驗過這樣的生活後，筆者更清楚瞭解到，以後作出任何決定和選擇前都要更仔細聆聽自己內心的感受，追隨自己所認同的價值，這無形中影響了回港後對事業的看法。

　　作為香港教育體制的追隨者，在離開中學後的日子幾乎沒有機會跟文字打交道。重新讓自己感受文字之美，也是這趟台灣旅程的另一個收穫。此後也很習慣在寧靜的夜晚與文字談心，把好壞的感受透過文字消化。而關於 2016 年的那個暑假，當年的筆者留下了這麼一段青澀的文字……

　　「二十二歲那年的天空很美，美得叫人無法忘記那份藍，和那份自由自在。那年我們衝出校園，大步踏入朝九晚五的現實。我們開始體會到別人口中的艱辛，我們依然抱緊希望、用盡力氣擺脫生活的無奈。我們無時無刻［不］把笑容掛在面上，努力告訴自己，世界像藍天一樣廣闊，生活像夕陽一樣美好。二十二歲的我們向前看着天空，覺得世界

有無限可能。我們醒覺生活失去了曾經以為理所當然的幸福，然後不留力氣地叫囂，天真地希望送走可悲，回到那回不了的過去。二十二歲的你，與誰相遇，又與誰分離？多麼慶幸在被時代巨輪洗禮前遇上彼此，毫無保留地分享這份天真和任性。這年代的孩子擁有很多，抓不住的更多。大概、如果可以，我們也不想離開這片屬於我們的夕陽，屬於二十二歲的天空。」

附錄
LinkedIn 實戰小攻略

　　LinkedIn 雖然以求職作為市場切入點，但其角色及功能定位跟一般要找工作時才登入的求職平台有明顯分別。無論是從沒有工作過的新鮮人，抑或是已經有就業經驗的職場人士，在經營個人 LinkedIn 賬戶上，更像是一個持續累積經驗資產的過程，亦應該把主軸放在建立人脈網絡和吸收社群資訊上。

　　對於新鮮人來説，在 LinkedIn 上搜尋和追蹤有興趣的企業，目標是貼近業界資訊和動態，務求可以及時、甚或提前看到企業擴展和招聘消息，同時，也可以在 LinkedIn 上關注母校校友和心儀公司主管的賬戶，藉此掌握更多資訊，從別人的工作經驗和動態更新中找到自己。對於不抗拒工作找上門的人，經營 LinkedIn 基本上就是打開一扇窗，讓成千上萬的企業人力資源部門和獵頭們，可以在這個全球最大的人才庫內找到自己，至於正在主動找工作的人就更不用多説了。然而，要切記的是，當在需要找新工作時才開始經營 LinkedIn，通常已經太遲，因為最值錢的人脈互動及個人檔案能見度，都不是朝夕間便可突飛猛進的。

雖說長期用心經營個人 LinkedIn 戶口是成功的不二法則，但若想贏在起跑線上，還是可以參考一些基本的賬號設定要點，以下從求職設定及個人檔案兩方面分別說明。

求職設定

訂閱職缺通知	LinkedIn 與其他招聘平台最不同的一點，是前者能根據使用者的個人背景，把市面上的職缺按相關性排序顯示。雖然排序方式會隨着用戶的操作行為漸漸優化，但對在學用戶，以及理想工作跟現時工作有較大出入的用戶來說，更有效的做法是通過訂閱職缺通知，主動改變自己可見到的工作資訊。 訂閱職缺通知有八個主要設定，包括：關鍵字、工作頭銜、公司名稱、地點、部門、行業、資深程度、刊登日期。設定時不一定要用盡全部條件，但像工作地點般的重要資訊宜清楚提供。
開放職場意向（#Open to Work）	為免人資部門和獵頭在平台上招才時遇上「襄王有心，神女無夢」的情況，LinkedIn 近年增加功能，容許用戶在個人檔案中選擇性開放職場意向，譬如向所有 LinkedIn 會員開放，又或僅向使用 LinkedIn 付費招募賬號的人資和獵頭。開放了職場意向的用戶，自然會得到更高的個人檔案搜尋曝光率。
可提供的服務	對個人服務提供者而言，LinkedIn 無疑是個潛在的顧客寶藏。針對自僱人士，平台現時容許使用者明確指出最多 10 項自己可以提供的服務，以便更有效地媒合需求方，提升用戶體驗。

個人檔案

照片	根據統計，有照片的 LinkedIn 個人檔案比沒有照片的會多出 21 倍瀏覽量和九倍人脈圈子。照片內容並不一定要以專業角度切入，更重要的是可以突顯個人形象。
標題 （Headline）	在其他用戶決定是否點進你的個人檔案前，可以預覽到的基本上就是你的照片和標題。要成功吸引目光，設定標題時最好是可以有創意地描述 what you are，而不是停留於闡述 what you do。
個人概要 （Summary）	LinkedIn 的個人概要一欄，在設計上出現得比工作經驗和學歷等欄目更早，主要是希望讓使用者有機會透過故事來讓別人分辨自己。個人概要不應該只是記述工作經驗，在擬定個人概要時應該類比 Elevator Pitch[1]，目標是在 30 秒內使瀏覽者對自己的故事產生興趣和共鳴，繼續閱讀接下來的資訊。 一篇令人動容的個人概要，往往是使用相當數量的文字，描寫出一個你理想中的未來。
工作經驗	工作經驗在定位上跟傳統履歷表差不多，除了應該盡量利用列點和量化的形式來提高可讀性之外，另一秘訣是把更多技能（Skills）關鍵字隱藏在字裏行間。根據觀察，目前大部分僱主在搜尋人才時，已經不會以職稱作為判斷標準，因為同一頭銜的工作內容可以不盡相同，所以更精準判別人才的方法是搜索和追蹤特定技能。

---

[1] Elevator Pitch，中譯「電梯簡報」，意指「在有限時間（通常是 30 至 60 秒）內，簡潔、快速並有效地介紹個人、產品或服務，讓對方有興趣談下去」，亦即是快速扼要地向別人「推銷」自己。

工作經驗	另外，在同一公司的不同工作經驗，特別是升職歷程，都應該要仔細列出，因為這些都是自身能力的實證。當然也不要忘記善用 LinkedIn 的性質，把相關的圖片和影像等多媒體紀錄放進工作經驗之內。
學歷和證書	從 LinkedIn 的角度來看，列明曾就讀的學校，其重要性不只是一個學習紀錄，更是平台嘗試把校友們互相連結的重要資訊。千萬別忘記，同校前輩很有可能會變成你職場生涯中的伯樂。 除了正統學歷之外，同樣吸引眼球的是「微證書」學習紀錄，這既可讓僱主間接地認識你的自我增值方向，也有助大幅提高個人檔案的能見度。
技能	技能欄位可說是個人檔案中最具互動性的一項資訊。LinkedIn 用戶與用戶之間可以互相為對方的技能列表背書，而有愈多人認可的技能當然愈容易被看到。個人檔案最多可以加上 50 項技能，而 LinkedIn 的技能列表基本上已涵蓋了市面上可被歸類的全部軟硬技能。

香城職涯
被時代改寫的就業生態

黃榮錕　著
LinkedIn HK
公共事業部負責人

責任編輯	梁嘉俊	
裝幀設計	黃梓茵	
排　　版	陳美連	
印　　務	劉漢舉	

出　　版
非凡出版
香港北角英皇道 499 號北角工業大廈一樓 B
電　　話：（852）2137 2338
傳　　真：（852）2713 8202
電子郵件：info@chunghwabook.com.hk
網　　址：http://www.chunghwabook.com.hk

發　　行
香港聯合書刊物流有限公司
香港新界荃灣德士古道 220-248 號荃灣工業中心 16 樓
電　　話：（852）2150 2100
傳　　真：（852）2407 3062
電子郵件：info@suplogistics.com.hk

印　　刷
美雅印刷製本有限公司
香港觀塘榮業街六號海濱工業大廈四樓 A 室

版　　次
2022 年 5 月初版
©2022 非凡出版

規　　格
32 開（210mm x 140mm）

ISBN
978-988-8807-27-7